U0618019

就做不同

活出真正的自己

蒋家容◎著

当代世界出版社

图书在版编目（CIP）数据

就做不同 ：活出真正的自己 / 蒋家容著 . — 北京 ：当代世界出版社 ,2016.5

ISBN 978-7-5090-1093-8

Ⅰ．①就… Ⅱ．①蒋… Ⅲ．①人生哲学－通俗读物 Ⅳ．① B821-49

中国版本图书馆 CIP 数据核字（2016）第 071218 号

书　　名：	就做不同：活出真正的自己
出版发行：	当代世界出版社
地　　址：	北京市复兴路 4 号（100860）
网　　址：	http://www.worldpress.com.cn
编务电话：	（010）83907332
发行电话：	（010）83908409
	（010）83908455
	（010）83908377
	（010）83908423（邮购）
	（010）83908410（传真）
经　　销：	全国新华书店
印　　刷：	北京爱丽精特彩印有限公司
开　　本：	710 毫米 ×1000 毫米　1/16
印　　张：	15
字　　数：	182 千字
版　　次：	2016 年 7 月第 1 版
印　　次：	2016 年 7 月第 1 次
书　　号：	ISBN 978-7-5090-1093-8
定　　价：	35.00 元

如发现印装质量问题，请与承印厂联系调换。

版权所有，翻印必究；未经许可，不得转载！

前　言

告诉你一个秘密：其实每个人都想成为别人

我少年时代最大的梦想，就是成为另外一个人。

这个人可以是电影里的人物：比如《千与千寻》里的千寻，我觉得另外一个神隐世界非常有趣；比如《生化危机》里的女主角爱丽丝，既美丽又充满了力量。

她也可以是现实中的名人：比如新闻里的沙特公主，成为她估计今生今世就不用为钱发愁了吧；比如某个容貌惊人、智慧超群的富二代。

她还可以是我身边的人：我曾经很羡慕一个女孩，那个女孩拥有一双琥珀色的眼睛，皮肤皙白，最重要的是，她每天上学，她的爸爸都会开着一辆银色的轿车把她送到学校门口。成为她，一定会过得很开心，一定会很少忧虑吧。

直到我和她成为朋友，我才发现，原来她也有想成为的人。

后来我有了不少朋友，偶尔我们会谈论到想过什么样的人生，大家想过的人生除了要有钱这点相同之外，就没什么共同点了。

对了，还有一点，就是不要做自己。不要再做自己，最好换个身份，国王归来。

有时我也会说："做自己，变得有钱、幸福不是更好？"

朋友们往往会沉默，然后说："是很好。不过既然有机会选择一次人生，我很希望能够没有负担地生活一次。"

我也是这么想的：最好换个身份，重来一次。不要有这个身份所遭遇的问题、麻烦、悲哀和愤怒，也不要有这个身份不好的记忆。

不过换个角度想想：如果真的有转世轮回这种事，那么前世的我们是不是也是这么想的呢？

后来我再大些，想成为别人的想法终于淡了。一方面我开始觉得，既然是无法发生的事情，就不要再讨论了；还有另一方面的原因：既然每个人都想成为别人，那搞不好，即使我真的成了"别人"，我成为的那个人，还会继续想成为别人。也许，今生今世的你，已经是前世你想成为的对象。

最重要的是，我终于找到了真正的自己。

当你想要成为别人时，你并不是真的嫌弃自己，只是你还没有找到真正意义上的自己。

这是我的顿悟：我们不愿意成为自己，往往是因为我们只看到了局限的自我。

你是否思考过：我究竟是谁？真正的我来到这个世界，是为了什么？是随机的偶然，还是已经注定的必然？

究竟是什么使我们忽略了真正的自己？

要知道，真正的自己，是不会因为任何事物消逝的。

当死亡来临，会把所有不属于真正的自我的事物全部带走，而真正的自我，是永远不会随着时间甚至死亡而发生改变的。

真正的自我是你从小到大始终存在的意识，是你身体中的内在的真我。西方管它叫"灵魂"，中国道家管它叫"元神"，而我更愿意称它为"真我"。它始终在我们的身体之中，又超越我们的身体，我们的身体、思想、情感、知识、世界观一直在改变，而真我却不会因此而改变。

即使岁月变迁，世事变幻，真正的你，也绝不会因为这些而改变。

找到这个真正的我，将是自我毕生的追求。

真正的我一直存在，但是我们却常常感受不到它，感受不到来自内心的真正的喜悦和平和。

因为，我们在不知不觉间失去了真正的自我。

我们是如何失落了真正的自我的？

失落自我，从扮演"别人"开始。

我们太习惯扮演别人，扮演任何需要我们扮演的角色，在父母面前，我们扮演好儿女，在老板面前扮演好员工，在朋友面前扮演好哥们或好伙伴……

在我们的角色中，有多少是我们自愿出演，又有多少是我们被迫出演的？

有多少人是为了别人而活，又有多少人是为了自己而活？

在我们面前有两个选择：一个是登上人生的舞台，根据剧情的需要，随时戴上面具，根据剧本唱念做打、喜怒哀乐，从此迷失真正的自我。这是大多数人都会选择的路。

还有一个选择：忘记外界、忘记教条，追随本心，扔下我们的面具和枷锁，把人生当成一场华丽而艰难的冒险，尽管在这条路上时常荆棘满布，但是我们却永远不会因此而停下追求真我的脚步。

希望你拥有勇气，就做不同。

目 录

第三章
认清自己：真正的"你"是谁

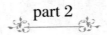

part 2

成为自己：直面自己的问题、潜意识和痛苦之身

第四章
直面问题：每个人的终身课程

第五章
意识进化：潜意识的成长是次方游戏

第六章
告别悲伤：和自己的"痛苦之身"聊聊天

part 3

就做不同：踏上真我成熟的旅行，活出真正的自己

第七章
你可以的：通过自己的努力获得幸福

第八章
唤醒内在神灵：从内获取心灵力量

第九章
就做不同：生活的广度其实等于你内心的宽度

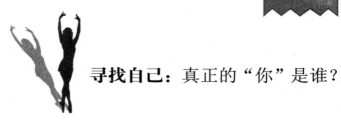

寻找自己：真正的"你"是谁？

第一章

寻找根源：
是什么使你变得平庸和不快乐？

不要畏惧迷茫。迷茫并不可怕，可怕的是无所事事。

如果你总是下定决心然后放弃，"下决心——放弃"成为你的固定思维模式，你就会不断地依照这个模式生活。

渐渐地，你自己都不会再相信自己。

最重要的，你要做出自己的选择，而不是依靠本能、习惯，随波逐流地生活。

迷茫和忧虑本就是二十几岁年轻人的生活常态

2015 年春节前夕，妮薇雅放假前的最后一堂课，我宣布："春节前的课程今天就结束了。咱们节后十五再见。回家以后，你们要好好练习专业，有亲戚朋友愿效劳的找亲戚朋友练练手，没有朋友帮助的，可以用模特头练习。千万不能懈怠，节后我会验收。好了，回家吧，和父母好好团聚吧。"

下课后，这些学员们像小燕子回巢一样嘻嘻哈哈地离开了学校。我一个人在教室里收拾教具，检查每个教室的电路和门窗，检查完之后，我也准备去办公室收拾东西回家了。

但是，在路过洗手间的时候，我听到里面传来一阵哭声。

是谁呢？

我仔细辨认着，呵——原来是她。

这时学员们已经都走了，洗手间里姑娘的哭声格外刺耳。

我本来可以推门进去，安慰她，告诉她这些不算什么，这些都会过去的。

但是我没有，我静静地站在门口听了一会儿，然后什么也没做就离开了。

回到办公室，我开始收拾东西，但是我无论如何也平静不下来。我觉得我应该为她做点什么。

于是我动手写了一封信：

亲爱的倩倩，今天我在洗手间门口，听到你在里面哭泣。

我很想进去安慰你，但是我没有。人生中有些时刻，是需要自己去经历和体会的。

　　独自一个人在洗手间哭泣，正是其中的一个时刻。

　　虽然你是我众多学生中的一个，但是平时除了教导你的专业，我和你并没有过多的私人交流。

　　原因只有一个：我真的太忙了。为了事业和妮薇雅的学员们，我这些年始终处于高速运转状态，有时候甚至忙到忘记吃饭，忘记睡觉，包括今天，现在已经是晚上8点了，我还有很多事情要处理。

　　但是现在，我必须抽出时间给你写这封信。

　　我写信给你的目的只有一个：无论你是因为什么在哭泣，我都希望你能振作起来。

　　也许对你来说，这段时间非常艰难。如果我没记错的话，你是一边做着兼职，一边在妮薇雅学习。

　　我知道你的兼职好像不太顺利，我也知道你最近正为了以后在哪个城市定居而和男朋友吵架，我还知道你的手机昨天在公交车上被偷了。

　　别惊讶——其实你们的点点滴滴，我都记在心里；你们聊天的时候，虽然我在忙自己的事情，但是也有去听。

　　种种原因，使得今天上午学期末的发型考试，你考得一团糟。

　　我叫你到办公室来，严厉地批评你，告诉你如果还做不好发型，那就不要毕业了。即使你毕业了，也找不到工作。

　　然后我就去忙我自己的事情了，不知道你注意到没有，我有时候也会很头疼，但我从来不会让烦恼的事情多停留一分钟。直到我听到你的哭声，我才责怪起自己来。你才二十多岁，刚刚进入社会，我怎么能用那么严厉的口气来批评你呢?

所以我决定，用温和的方式，重新和你谈谈。

首先我要告诉你的是：我知道你感到迷茫，对未来充满了忧虑，但是迷茫和忧虑，本来就是二十几岁年轻人的生活常态。

我二十出头的时候是什么样呢?

我最开始上班的时候，非常不适应，每天都在焦头烂额中度过。

我记得非常清楚的是，一天早晨我早饭也没吃就赶着去上班，因为头天晚上熬夜工作，所以在公交车上迷迷糊糊的。

下车后我才发现把文件袋弄丢了，里边装着我的身份证和做了三天的资料——那天必须要交的资料。发现文件袋丢了的那一刻，我几乎崩溃了。

在慌忙之中，我甚至拨了110（那时我多么幼稚），但110也只是说，会多留意。我失魂落魄地到了公司，向领导作了汇报，但是他觉得我的说法很牵强，认为我在撒谎。我极力地解释，但领导并不相信我，还训斥了我一顿。

有几个同事也用幸灾乐祸的眼神看着我，甚至有一个同事还特意走过来嘲笑了我几句。

同事的嘲笑，让我再也承受不了了，于是我跑到洗手间，把自己关在隔间里痛哭。

我哭泣不仅仅因为工作太辛苦。工作虽然辛苦，但是带来的痛苦毕竟有限。

领导和同事的不理解，才是让我最痛苦的。

我相信每个人都有受了委屈而忍不住放声痛哭的经历，哭泣的原因有很多种，但是在哭过以后，总是会更成熟。

后来某天，我在杂志上看到一句话：未曾长夜痛哭者，不足以语人生。

迷茫和失意是每个二十几岁的年轻人都会经历的。

迷茫并不可怕，可怕的是无所事事。要持续地努力，哪怕失败了，也是宝贵的经验，你会在试错的过程中，不断发现新的机遇，认识新的自己。

生命中总是有各种难过和伤痛，让人失去斗志想要逃避甚至放弃。但是你要知道，人的成长，人的成熟总是在一次又一次战胜挫折之后取得的。祸不单行的事情有很多，打败这种挫折其实很简单，但我用了十年才明白打败挫折的诀窍，那就是保持乐观，继续前进。

我想要告诉你的是，认真地对待你的学习，有了真本事，你在这个世界上才有立足之地。

低下头看看你的双手，你所能凭借的，就是这一双手和你的头脑。

为什么二十多岁的年轻人会感到格外的迷茫？

因为这时的你，第一次开始"自立"。以前你是在父母和学校的保护下长大，当你离开学校，进入社会，世界对你来说不再是个游乐场，而是个需要付出劳动力才能获取食物和生存空间的地方。

我知道你很羡慕我，很多二十岁出头的年轻人，都会羡慕周围年长一些、事业有成、有了很好的物质基础的人。

但是，年轻人有的是机会，根本不必羡慕别人有房有车，我所拥有的东西，时间会带给你；而你所拥有的东西，我是无法再拥有的。

我对你们的要求一向非常严格，有的学员技术不过关，即使他自己再想毕业，我也不会允许他毕业。因为你们来到我的学校，是来学习专业技能的，如果你们离开的时候，没有带着手艺走，那我开办学校的目的又是什么呢？

所以，我那样严厉地批评你，其实是希望你能够在最好的年龄去努力，为未来的生活打下基础；我对你的严格，能够让你以后在职场上更有底气和能力去得到品质更好的生活。

当你成熟起来，你会发现，今天你遇到的辛苦，其实是那么微不足道。

20 ～ 30 岁的选择，将成为你一生的分水岭

现代社会最重要的特征之一，就是分工明确。

想要在生活和事业上获得自己的立足之地，那么一定要在某个专业领域有所建树。

当你到了 30 ～ 35 岁的时候，你的生活和事业已经基本定型，是成为社会中的骨干精英，还是随波逐流、碌碌无为，这时会非常清晰。如果你 35 岁还没有在某个领域里立足，那么基本可以肯定，你这一辈子很难有大发展。

然而，30 ～ 35 岁的基础，是在你 20 ～ 30 岁的年龄里决定的。

对大多数人来说，无论你的出身如何，你的学历和天赋是超过常人还是普普通通，在 20 ～ 30 岁这个年龄段，都需要努力奋斗，选择好一个专业，然后一头扎进去。

你在 20 多岁的时候，如果能够专注于本职工作，在获取工作经验的同时，储备专业知识、能量和人脉，那么当你 30 岁的时候，你会发现基础已经打好，你未来的路会平顺很多。

所有人在 20 岁时，都不知不觉做出了选择：是选择成为一个靠谱的人，还是选择成为一个不靠谱的人。

在 20 多岁时选择放纵自己的人，到了三四十岁，照样会放纵自己。

当你选择不靠谱的时候，你很难察觉自己正在选择不靠谱，比如应该认真学习的时候，你选择了玩耍；应该认真完成工作的时候，你选择了敷衍了事；在能够花 3 个小时把一件事做到完美无缺的时候，你选择了花一个小时做得差强人意……

这些小小的一个个的选择，成就了 30 岁以后的你，而你还茫然不觉。

那么什么是靠谱？认真、负责、讲信用、全力对待自己的工作和生活。

据我观察，那些在 20 多岁就表现得很靠谱的年轻人，他们在 30 岁以后会变得更加稳重、有担当，能够独当一面，并且沉稳豁达。

他们应对生活的技能和思想已经完善，在社会上也取得了一定成就，有了自己的立足之地。他们不再失意，也不再迷茫，未来有清晰的目标，而脚下是坚实的大地。

希望，那就是未来的你。

无论做什么样的选择，任何时候都要努力去把握自己的命运。

现代社会虽然竞争非常激烈，但是同时非常宽容，允许多样化的人生模式。

你可以按部就班地上学、就业、谈恋爱、生孩子，每天两点一线、柴米油盐酱醋茶，围绕着父母妻儿打转，图个平稳顺遂。

你也可以追求自由和挑战，四处旅行或流浪，独自面对人生的种种风险，在追求理想的过程中披荆斩棘。

这些都只是人生的选择之一。选择每一条路，都有它的利与弊，但是，任何时候，你都应该尝试去把握自己的命运，而不是被命运和别人把握。

如果想过得自由，那么在 20 岁到 30 岁之间，积累得越多越好。

积累代表你要去努力，却未必代表你要吃苦。吃苦并不是光荣，如果选择的方向错了，吃再多苦也不值得敬佩。

很多人把吃苦当成资本去炫耀，但是吃苦本身并不是资本。吃苦也分有价值和没价值。

社会非常现实，鸡汤到了现实中是行不通的。

有一个真理是：无论你处于社会的哪个阶层，无论你是男是女，20 岁以后，你大学毕业后的人生，都是重担。

每个人都是如此，人生从来不是享受。我们有幸来到这里，就要披荆斩棘地前行，我们不仅面临竞争激烈、资源匮乏、金融危机、通货膨胀……还有阶级固化，这意味着阶级的上升几乎变成了不可能。

在生活之前，首先面临的是生存。

在立足之前，首先面临的是温饱。

生存，从来都是逆水行舟，努力一旦停止，就会不断倒退。

这就是我要说的：人生苦难重重，没有任何捷径可走，也没有什么建议，可以让你少受点磨难。

但是，你能做的，就是尽早认清现实。你比同龄人认清得越早，你的砝码就越多；你比同龄人多付出些，你奔跑的速度就更快一点儿。

在人生这场残酷的冒险中，教条毫无用处。

如果让我回到 20 岁，我最希望的就是，能够提早明白这些我到了 30 岁才明白的道理。

但是我想，等我到了 40 岁，也许还会希望自己 30 岁的时候明白 40 岁的道理。

可惜这是不可能的。

30 岁的人生道理不可能提前被 20 岁的你知晓，因为能够教会你的只有时间。时间是我们最好的老师。

人生的残酷之处在于，它只会不断向前，永远不会倒回以前。

每一刻，都是独一无二的；每一天，都是非常珍贵的。

享受每一天，珍惜每一天。

这辈子要受的苦难，大多数在我们出生的时候就已经注定了。佛说，人生八苦：生、老、病、死、爱别离、怨长久、求不得、放不下。但是人生的苦难远远不止这些。

你出生的年代、所在的家庭、你的父母、你的基因，都决定了你将经历什么样的人生。在决定你的人生的因素里，年代＞家庭＞父母。

在时代的洪流里，个人的力量看起来是那么渺小和微不足道。

比如说，出生在战争年代，人生无疑就是 hard（难度）模式，区别是有钱有权人家的孩子是 hard 中的普通难度，而穷人家的孩子则是 hard 中的高难度。

在和平年代，有钱人家的孩子往往是 easy（简易）模式（如果不幸家道中落，那会变成加倍的 hard 模式），穷人家的孩子毫无疑问是 hard 模式。

我们面临的大多数问题，都是时代的特质造成的。我们经历的问题的种类，很大程度上由我们的家庭背景决定。

如果你是个普通人家的孩子，那么考试的压力、青春期的焦虑、大学的选择、就业的前景、客户的刁难、上司的压力、房贷和车贷……都将是你无法绕开的问题。

真相是：任何同一阶层的同龄人经历的问题，你基本都会经历。

即使因为一时的好运躲过了一个问题，也躲不过下一个问题。

即使你提前知晓，也无法改变即将遇到这些问题的命运。

不过，我还是有一个好消息要告诉你：虽然人生的问题和困难值大致已经固定，但是你可以自行决定如何分配困难值。

如果你能把辛苦多分配在广泛学习（上学和工作后）、独立思考以及试错上，少分配在无谓的伤春悲秋、自嘲身世上，那么人生中也许有些本来会让你跌个大跟头、让你很久都缓不过来的坎，你只需稍微缓缓就爬起来了。

请你认真对待你的人生，从认真对待学习、工作、每一个客户、上司的每个问题开始。

为什么有的人注定无法成功：关于失败的 5 个秘密

为什么有的人注定无法成功？

虽然有人把这归咎于运气不好或者条件不允许，但是有的人就是注定无法成功。不是因为外界因素，而是因为他自己。

失败也是有秘密的。

为什么我们总是无法成功？
- 永远处于被动状态
- 总是在做不喜欢的事情
- 无法正确评估自己
- 没有争取成功的欲望
- 没有切实可行的实施计划

为什么我们总是无法成功

无法成功的秘密 1：永远处于被动状态

如果没有航行目标，往哪个方向航行，都是逆风而行。太多人碌碌无为，随波逐流地过完了一生，永远处于被动状态。

小时候他们听家长的话，被动选择跟哪个小朋友做朋友，被动选择上什么兴趣班，被动选择什么时候在大人面前表演、什么时候闭上嘴回到房间学习，被动选择学文还是学理（没有第三个选项，除非你的父亲是朗朗的父亲，否则你永远不可以选择学艺术）、上什么大学，被动选择学什么专业，大学毕业后被动选择干什么工作。

到了自己的工作岗位上，他们也被动做事，领导吩咐什么就做什么，绝不越雷池一步。

当你总是被动地面对人生的安排，不愿意进行任何冒险和挑战，也不愿意努力去寻找机会时，慢慢就会陷入习得性无助的状态。

生活中最大的压力常常不是来源于外界，而是源自于我们自身。我们既对现状感到不安，又不愿意付出努力。我们清楚地知道：现在的生活不是我想要的，现在的我不是我向往的。但就是不愿意付出努力。因为习惯了失败的现状，也因为害怕失败。

而我要告诉你：你唯一的压力，就是改变自己的压力。

无法成功的秘密 2：总是在做不喜欢的事情

心理学中有一条"不值得定律"：不值得做的事情，就不值得做好。

这个定律在人们的生活中很常见，它是如此简单，以至于它的重要性经常被人们遗忘。不值得定律反映出人们的一种心理，即：一个人从事的工作，如果是他自认为不值得做的事情，他往往也会认为这件事不值得做好，因此会选择漫不经心、敷衍了事的态度。

例如，如果你在一家大公司，最初做的是打杂跑腿的工作，你很可能认为这是不值得的，可是一旦你被提升为后勤部门的主任或部门经理，同样是后勤工作，你会觉得你的工作是有价值的，你会好好去做，愿意去做。

如果一件事，你从内心不认同它，你就很难把它做好。

同理，如果你总是做自己不喜欢的事情，就无法从中获得成就感。

如果你做事的时候，行为和内心的渴望是相斥的，那么别说把事情做好了，光是和自己内心的渴望抗衡就已经花费了你太大的力气。

虽然你心里明白这种状态毫无益处，但就是看不到努力的方向。

如果你始终处于这种困境中，你有两个选择：要么喜欢上你必须要做的事情，要么换个自己喜欢的事情去做。

最坏的情况是，你既不喜欢自己做的事情，又没有勇气做出任何改变。

无法成功的秘密 3：无法正确评估自己

如果一个人无法正确评估自己的条件和现实，无法把自己的真实情况和现实进行匹配，并且也没有养成良好的自我观察和自省的习惯，那么会很容易陷入两个极端：要么过于自负，要么过于自卑。

当我们轻视他人和现实时，我们会变得自负；当我们轻视自己夸大他人和现实时，我们会变得自卑。

自负最典型的表现，就是常常为自己制定不切实际的目标。自负的人往往对情况的预估格外乐观，对自己的能力又格外自信。

但是他的自信，就像绚丽多彩的气球，轻轻一戳就会"砰"的一声炸裂。他觉得自己一定能做成某事，但是从来不会审视它的具体细节。他往往不会考虑自己想做的事情的操作流程是否合理，是否真的在自己能力范围之内。

而自卑的人却在另外一个极端：因为总是对自己的能力不自信，又过分放大事情的难度，自卑者面临任何事情，都会下意识地选择退缩。自卑者已经给自己下了判决：我不行，我做不好。即使他有可能非常擅长某件事，他也不相信自己能够成功，所以压根儿不敢去尝试，于是机会就此错过。

无法成功的秘密 4：没有争取成功的欲望

99% 的穷人都从未真正下决心成为有钱人，他们只是嘴上说要发财，却既不相信自己能成功，也不打算做计划和付出努力。

如果不主动，即使机会来到你身边，你也抓不住。

使我们平庸的，往往不是环境，而是我们自己。

平庸的人或许经常会把"成功"挂在嘴边，但是也仅限于嘴边，他们习惯待在角落里，不愿意被别人注意到，默默等着成功从空中掉下来的一刻；也可能他们非常渴望成功，但却认为只需要静静地坐着，成功就可以到来，根本没有尽全力争取成功的欲望。

我常常听到别人描述某个成功者非常有气场。为什么有的人会显得比其他人更有气场？

我们把一个面包放在桌子上，让一个非常渴望得到面包的人和一个对面包可有可无的人竞争，结果是显而易见的。谁对目标更加渴望，谁就占据了优势。一个人如果对目标的态度是可有可无的，那么怎么可能有竞争的动力呢？

在合适的时机，将自己的目标或者野心展现出来，它会形成一种气势，帮助你成功。对成功的渴望是做事的基础，顺势而为能够起到事半功倍的效果。

一个老师为学生们讲课，讲到了"屠龙之术"，老师说："古代有一个人，他想学一样立身的本领。经过反复思索和筛选，他选了屠龙之术。选拜名师后，他辛苦数年，日夜练习，最后终于练成了屠龙之术。你们觉得故事之后会怎么发展？"

同学们啧啧惊叹，说："他一定会成为一个英雄吧？成为屠龙的英雄，然后被世人所崇拜。"

老师却摇头说："不会。他只会潦倒一生，空有一身屠龙术却无用武之地。因为这个世界上，压根儿没有龙。"

掌握了屠龙术的古人，最终也没有屠到一条龙。他在学习屠龙之术前，也没有考虑过学成之后，自己该何去何从，好像他练成了屠龙术，龙就会自动来到他面前，被他屠杀。

我小时候很迷恋这个故事。从未屠过龙的屠龙者，他热切的梦想和冰冷的现实交织，那无数日夜的努力终究成空。他的精神就像是中国版的堂吉诃德，因为其无稽而显出勇气的伟大。

这个故事，越是深想，就越能领会其中的悲壮之处。

因为它映射的，正是平凡的我们：很多时候，我们也和这个从未屠过龙的屠龙者一样，没有对事物充分了解，就早早开始了屠龙的美梦。

如果对事物的了解不够充分，对现状的预判不够理智，即使你真的练就了屠龙之术，也会因为没有龙而白费力气。

无法成功的秘密5：没有切实可行的实施计划

我们内心的渴望，只是一个成功的开始。

而实施方案比内心的渴望更加重要。很多人的渴望都非常热切，但是没有切实可行的计划，渴望再热切也只是徒劳。

如果你欲望强烈，手段却苍白，那么你的目标只会是虚无的口号。

为什么我们知道很多道理，却依然过不好这一生？

韩寒在电影《后会无期》里说：我们听过很多道理，却依然过不好这一生。

你是否也有过这样的体验：明明知道应该做什么，但就是管不住自己。

明明已经下定决心，从今天晚上开始，再也不熬夜，但是往往坚持不了两天，又开始熬夜。

明明非常有热情去健身，明明非常渴望拥有健康曼妙的身姿，数次开始健身计划，但永远坚持不了一个月。

总是在下定决心，永远在自我厌恶和自我鞭策中徘徊，"遇见更好的自己"永远只是 QQ 签名上的口号。

它从未成为过现实。

为什么，明明知道该怎么做，明明非常想要那么做，但是却做不到？

为什么我们明明知道，却无法做到？

原因 1：太畏惧失败，索性破罐子破摔

很多时候，我们明明可以成功，但还是失败了。

因为我们总对自己进行负面暗示：暗示自己"其实你做不到"。

我的朋友C就是个非常喜欢对自己进行负面暗示的人。她无论想做什么，都会一边给自己打气，一边给自己泄气，所以看起来很像个精神分裂者。

任何不顺心的事，她都有否定的理由。

她否定自己的工作："没有价值。"

她否定自己的上司："什么也不懂，还独断专行。"

她否定自己的客户："什么也不懂，事儿还特别多。"

遇到的所有人和事，C都能慧眼如炬地发现它们的虚假和孱弱："毫无价值""非常一般""漏洞太多"。

后来，C的公司对一个非常好的岗位进行内部竞聘，C是候选人之一，本来C应聘的可能性非常大，和其他几个竞聘者相比，无论是资历还是能力，她都有相当大的优势。

但是C又退缩了，明明非常想要赢得这个岗位，但是却不自觉地开始自我否定。

"竞争太激烈了……我的戏不大。其他几个人都很优秀，而且谁知道这个竞聘是不是公正的选拔呢？和别人竞争，一向不是我的专长。所以我还是不要抱太大希望为好。希望越大，失望越大啊。"

于是，抱着这样的想法，C在竞聘的过程中，始终没有拼全力。

最后毫无疑问，这个岗位被一个资历和能力都稍逊于C、但是准备充分的同事得到了。

在听到结果的那一刻，C竟然如释重负：我说我赢不了吧，我就知道。

C向同事祝贺，但是不知道为什么，心里酸酸的，非常难受。

C为什么会这样呢？

很多喜欢自我负面暗示的人，往往是因为怯懦。

负面暗示的根本，就是畏惧失败。

畏惧失败，所以也畏惧去尝试；畏惧失败，所以永远不肯出全力。

这种逻辑单纯到可笑：希望越大，失望越大。如果没有努力过，那么失败了也不会那么难过吧。

为什么你如此胆小？

解决方案：学会从正面思考问题。

抱怨以及否定是不受欢迎的，不要做生活中负能量的散发者，可以尝试着去接受和认可。

从正面去思考问题，能够找到更多合适的解决办法，因为从正面思考问题，首先考虑的是：怎么做才能将问题解决，而不是有什么原因会阻碍我解决问题。

可以通过外界协助监督，完成行动计划。比如你每天都无法按时起床，就可以找一些有同样问题的人，通过定时打卡或者互相监督等方法，来解决这个问题。

原因2：想得太多，做得太少

现在很流行两句话，我看过觉得很有趣。

第一句是：你的问题在于，想得太多，读书太少。

第二句是：你的问题在于，想得太多，做得太少。

这两句话表达的其实是一个意思。

我学校里一个学美容课程的学生，在上了一星期课之后找到我说："蒋校长，我真的从学校里学到了很多知识。我发现我以前很多认知都是错的，这些知识太有用了！我决定开一个公众号，专门分享这些知识！我要做那种能吸引几十万粉丝的大Ｖ！"

我说："想法很好。但是你自己还没入门，还是先要把基础打好，先学好知识再说。"

这个学生信誓旦旦："没问题，磨刀不误砍柴工！我能做到一边学习，一边分享。"

几天之后，我发现这个学生没来上课。

我联系她，她说："哎哟，校长，我在找人帮我做公众号呢。您放心下节课我一定上。"

我说好吧。然后又过了两天，这个姑娘找到我，说："蒋校长，您给我出出主意吧，我觉得公众号现在是挺好，不过好像聚集人气太慢了。您说我从护肤博主开始做起好吗？"

我有点急了："你还是先把自己的课程学好，然后攻读基本的化工知识，你这半吊子的怎么行呢……"

姑娘点点头，又风风火火地走了。

过了两个月，我看她没动静了，就问她："你的护肤博客呢？"

她说："那个过时了，我还是先从视频分享做起，放在优酷上，点击也多……"

就这样，她心不在焉地上完一学期的课，最后什么也没做出来。她的想法太多，心思太散，最后所有想法都泡汤了。

想得太多，做得太少，目标散乱，永远无法聚焦，只会浪费你的时间。

解决方案：学会聚焦自己的目标

将自己的目标简化，才能保证自己的精力专注并找到重点。比如，在新的一年开始，需要制定年度计划，年度计划可能会包括很多目标，但是要找到核心目标，核心目标控制在两到三个，这样才能对症下药。上一节课，看一本书，没有必要将所有内容都记住，只需要将几个重点记住就能达到想要的效果。

化大为小，行动需要聚焦，强化重复。

化大为小，就是将长远的目标或者是较大的目标分解为一些小的目标。比如你的年度目标是一年内减肥 20 斤，将这个大目标进行拆解之后，可能就是每天运动一个小时了。

强化重复，可以将自己的目标写下来，比如你的年度目标是读完 100 本书，那么你可以在读书的同时多做笔记，将你的读书过程和心得记录下来，让目标可以直观地看见，比如将你的读书计划打印出来，贴到自己的办公桌前，每天提醒自己。

原因 3：轻易下决心，又轻易放弃

前面我们讲过"习得性无助"，当我们反复接受负面刺激又无力改变时，就会形成习得性无助。习惯性地被动接受事实，习惯性地不去做任何努力。

事实上，放弃并不可怕，失败也不可怕。

可怕的是，失败会给你的内心带来什么。

如果你反复下定决心，又轻易放弃，渐渐地，"下决心——放弃"就会成为你的固定思维模式，你会不自觉地依照这个模式生活，而不再相信自己。

你从内心深处相信一个事实：你不行。

反复下决心，然后放弃，只会不断打击你的自信。最后你的自信，会随着一次次的失败而瓦解。

我的一位女友毛毛身高 160cm，体重却高达 180 斤。这么多年，因为体重，她吃了不少苦，受了不少委屈，也减了很多次肥，但是结果只有一个：越减越肥。

青春期的毛毛体重还好，130 斤，只是丰满，但是对这时的孩子来说，这一数字足以成为噩梦。

在又一次受到班里男同学的嘲笑后，毛毛咬牙说："我要减肥！"

毛毛采取的方法比较极端，那就是绝食＋跑步。

毛毛还真坚持了几天，每天早晨毛毛都会提前到学校半个小时，绕操场跑 5 圈，放学后再跑 5 圈。

坚持到了第 5 天，毛毛因为低血糖而晕倒了。心疼死了的毛毛妈带着毛毛最爱吃的炸鸡腿到医院，吊着葡萄糖的毛毛看到炸鸡腿胃口大开。

毛毛第一次减肥宣告失败，而且这次减肥失败带来了可怕的后果，因为那几天的"饥寒交迫"，使毛毛迸发了更旺盛的食欲，饭量增加到了以前的几倍。那些因为长期饥饿毁坏了的基础代谢，使毛毛越来越胖。

几个月过去后，毛毛的体重从 130 斤蹦到了 150 斤。

进入大学的毛毛也不是不自卑，但是上次减肥的经历她记忆犹新，不敢轻易减肥，只是喊喊口号。

后来和很多青春少女一样，毛毛恋爱了，喜欢上一个很帅的男生。

为了爱情，拼了。毛毛又开始减肥。

这次减肥失败，使毛毛对自己失去了信心。

就这样，几次减肥失败后，毛毛的体重达到了 180 斤。

180 斤的毛毛，绝口不提减肥了。因为她再也不信任自己。

解决方案：把握轻重再行动

分清事情的轻重，合理地利用自己的时间，四象限时间管理法是一个很好的方法，这个方法非常出名，这里就不细说了。但是四象限时间管理法有一个前提，那就是你必须对自己的目标十分明确，并且能够将目标进行排序，否则即使使用这种方法你也同样一团糟。

其实我们不用让所有的行动都受计划支配，我们可以让行动来带动计划。比如之前我们讲到的要做公众号的姑娘，她应该先从认真学习开始，找到适合自己的学习节奏，然后一边学习，一边分享自己的学习心得。

找到学习节奏之后，再制定出一个合理的计划，这样就比较容易执行了。

原因4：侥幸心理，以后再做也不迟

很多时候，我们明明知道自己该做什么，什么对我们才是重要的，但是心里仍然觉得：这虽然重要，但不是什么十万火急的事情。所以重要的事情，常常给"紧急的事情""有趣的事情""琐碎的事情"让位了。

"以后再做也行。"

"明天吧。"

"有空的时候再做吧。"

"等我做完……"

但是人生苦短，哪有那么多以后可以等呢？

解决方案：学会强化自己的危机意识

通过危机意识来强化目标，危机意识一方面来源于自己的经历，比如一个人在经过一场重病之后，就会意识到健康对自己的重要性，从而强化自己健身的目标；另一方面是从他人的经历中得到的，比如当我们看到别人经历天灾或者意外失去了家人或者生命，就会更加珍惜自己的生命以及亲情。

当然，这些危机意识都是被动建立的，想要主动建立危机意识，就需要你明确自己的目标，然后随时进行关注。比如你的目标是两年内赚50万，而经过了一年你才赚了10万，这时你就有了危机意识。无论工作、健康，还其

他目标，都是同样的道理。

原因 5：你从未真正认可自己要做的事情

我们知道很多道理，却仍然不去做，最终极的原因只有一个：我们内心并不真正认可我们要做的事情。

道理知道得再多，也只是"知道"，并没有真正纳入我们的价值观。

即使 C 知道总是进行负面思考、消极地看待一切事物不好，她仍然改不了。因为她内心深处认为：比起客观看待事物，消极地批判更能让自己开心。

毛毛也知道减肥十分重要，但是她却从未真正把它当成人生的重要目标，只是在每次受到刺激的时候，才冲动性地减肥。一鼓作气，却难以持久。

即使我们知道有的事情对我们来说很重要，我们依然做不到。因为在我们的价值体系里，此时此刻永远有比它更重要的事情。于是重要的事情就被无限期延后了。

对想做大事却又无限拖延的人来说，此时此刻永远有比做大事更重要的事情。

对想要减肥却又屡次失败的人来说，满足此刻的食欲比自己的计划更重要。

对想要戒酒却又成功不了的人来说，和朋友一起饮酒时的欢愉比戒酒更重要。

我们内心的价值认可，才是我们想做却又做不到的真正原因，它促使我们做出自己的判断和行动。

如果发自内心地认可自己要做的事情，那么即使遇到再多困难，你也只会把它当成必须要绕过的障碍，当成自己前进路上的陪练。

最重要的是，真正接纳并认可你所做的事。

从榜样身上寻找力量：你可以观察自己周围的同事、朋友，或者前辈，看他们是如何不断努力，最后达成自己的目标的，从而找到自己的精神动力。

将一件事情的利益点分析清楚：做成某件事情自己能够从中获得什么好处，比如如果自己一周之内完成了一项工作，那么月底就能获得一大笔奖金；比如你每天坚持锻炼，就能够获得一个健康的身体，疾病就会远离自己……让一件事情的利益点成为自己行动的动力。

选择你所喜爱的：因为喜爱，所以执行起来就比较容易。

与自己的内心对话：询问自己的内心，我真正想要的是什么，我生存的意义是为了什么，我人生的目标究竟是什么。

通过这种对话找到自己内在的力量来支持自己的行为。

从知道到付诸行动，这是一场战役，是你同自己的战役，当你战胜自己时，才能取得最后的成功。

比失败更可怕的，是失去对人生的控制

有个学生，一大早来找我要求退学。看到她我有点惊讶，因为这个学生平时是非常可爱也非常有活力的一个女孩，看起来无忧无虑的。但是此时的她双眼通红，脸色发黄，看起来格外憔悴。

她说："蒋老师，对不起，我得退学了，我不能在这里继续上了。"

我问她："为什么退学啊？你不是学得很好吗？还有一个月就能结课了。"

她说："我爸爸让我退学，让我回家跟叔叔去工厂做工。"

我以为她叔叔是工厂的管理者，那么这也确实是一个不错的选择。有亲人在身边照顾，对有的人来说，比独自一个人漂在深圳要好得多。

于是我理解地点点头说："那跟着你叔叔也是挺好的。"

她听了我的话，飞快地抬起头看了我一眼说："不好，我叔叔也是打工的。在那个工厂赚不了多少钱，一个月1800元，虽然包吃住，但是一个月只休息一天，特别累。"

我说："那你为什么要去呢？留在这里继续念啊，还有一个月就结课了，毕业以后你可以做个美容师啊。"

她说："我爸爸不会同意的。"

我默然无语，虽然有心劝她坚持自己的想法，但这毕竟是别人的家事，而且我闹不清她的态度。

她抽抽噎噎地哭起来："蒋校长我不想退学，我在这里学得挺好的。而且那个工厂一点儿也不好，我爸爸非要我去，说我不去就永远别回家了……"

我想跟她说，一般父母跟你说"永远别回家了"，只是强迫你就范的手段，并不是真的让你永远别回家了。

但是很多人，就屈服于这样的手段。

那天上午我没有上课，听这个可怜的女孩絮絮叨叨地讲了一上午她的童年故事，她的初恋，还有她的愿望和向往。

"一开始我想学好了去大城市发展，我准备投奔我的朋友。我想我还是能找到工作的，但是我爸爸不允许……"

"我小时候画画画得很好，老师说我可以试试考艺校。但是我爸爸说，我学习成绩也不灵，上个正经大学还可以让我上，考什么艺校，出来不知道干吗，然后我高中毕业就没上了……"

"在家我爸爸说一不二，而且特别玻璃心，稍微一句话说得不对，他就让我滚出去，说我没良心、白眼狼！"

我听了这么多的"我爸爸"着实有点头晕，于是我试着对她说："你已经24岁了，你可以试着自己做决定。可以离开家一段时间，上完这一个月，去大城市找工作，这一个月我不收你学费，你拿着学费可以找到落脚的地方，找到你喜欢的工作，然后再联系家里——"

我还没说完，她就恐惧地打断了我："蒋老师，我不行。你不知道我爸爸那个人，真的不行。"

然后她又开始对我倾诉这些年她受的苦。

我很想说，最后我说服了她，让她上完了学，拿着最后一个月的学费在大城市找到了自己喜欢的工作，找到了自己喜欢的生活方式，她开始学会自立，而不是在父母的操控下生活。

但是现实就是现实，没有那么多鸡汤，她还是退学回到父母的管控下了。

其中数次，我试图让她看到她生活的另外一种可能，都被她忙不迭地打断了："我没办法脱离爸爸妈妈""我怕我爸""我做不到"，最后又变成了她单方面地诉苦。

最后我明白了，她并不需要帮助，她已经习惯了这样的生活状态。

在那天上午之后，我请她吃了一顿饭，给她办了退学手续，她恋恋不舍地离开了学校。

走之前我看到她哭了，我想那个泪水是真心的，并不只是为了离开学校，还为了自己习惯性屈从于父母的行为状态。

她的表现，正是心理学中最典型的"习得性无助"状态。

习得性无助：努力是没有用的

1965 年，科学家马丁·塞里格曼（Martin Seligman）决定做一个和"巴甫洛夫的狗"截然相反的实验。

"巴甫洛夫的狗"是我们耳熟能详的著名实验，就是每次在给狗喂食物之前都摇铃铛，建立了铃铛——食物的关联，使得狗只要一听到铃铛声就会条件反射地分泌唾液。

而马丁进行的实验则更为残酷，这次他把摇铃的机制和电击联系在了一起，每次开启蜂音器都会对狗进行电击，马丁把狗拘禁在一个大笼子里，使狗无法逃脱，通过蜂音器——电击模式，使得狗建立条件反射。

只要蜂音器响起，狗就会吓得浑身抽搐，甚至屎尿齐流，倒地不起。因为始终无法逃离笼子，所以狗的挣扎力度逐渐降低。

过了一段时间，马丁把狗移入了一个新笼子，这次中间有一个低矮的栅栏，只要狗稍微努力，就能越过栅栏，避免被电击。

实验设想的是：既然建立了蜂音器——电击模式，那么狗听到蜂音器声，应该会恐惧地逃跑，越过栅栏。

但是实验进行时，马丁先开启蜂音器，狗却毫无逃跑的意愿，只是绝望地倒地，等待被电击。

于是马丁开启了电击，狗仍然不逃跑，被动地承认自己被电击的命运。

狗的这种经过反复尝试、仍然失败、最终导致绝望的行为和心理模式，叫做"习得性无助"。

反复对动物施加它无法逃避的电击的痛苦，会使动物产生严重的绝望和无助情绪。在实验的一开始，狗还有反抗和逃跑的欲望，随着怎么反抗都没有效果，痛苦刺激的不断加深，狗最终完全放弃任何尝试。

当马丁把从未受过电击的狗放进笼子里，开启电击时，这只没有被电击过的狗很轻易地越过栅栏逃跑了。

马丁通过整理实验结果，最终得出结论：

"当一只从未受过电击实验的正常狗在箱子里受到电击时，它的行为模式是：刚刚遭受电击，就立刻狂奔，同时伴随着惊恐的叫声以及屎尿齐流，最终爬过障碍；数次这样实验，狗越过障碍的速度会越来越快，直到足以在电击开始前逃脱。下一步，把狗拴住，使得它在遭受电击时无法挣脱，在狗被重新放回可以逃脱的穿梭障碍箱时……它会无助地等待电击结束。"

不止狗如此，我们人类也是。这是一种糟糕的循环，在我们很多人的身上都能看见。

如果在我们的人生经历中，曾反复努力尝试某事，但是仍然失败，或者曾经遭受过重大挫折，这些对我们的心灵会造成毁灭性的打击，会在我们的内心中根植一种暗示：努力是没有用的，抗争也是没有用的。有了这种暗示，我们就不再努力、不再尝试，也不再抗争，因为曾经多次的失败经验，在我们看来已经证明了再努力也没有用。

而尝试之后的失败只会带来新的痛苦，还不如不尝试。这种感觉叫做无助。

当无助的感觉反复出现时，我们会意识到：也许我们无处可逃，这就是我们的命运。

这时我们已经陷入了习得性无助，即使外界给予我们逃离的机会，我们也失去了逃离的意愿和勇气。

"我不行。"

"我做不了。"

"我是不行的。"

"他们可以，但是我不行。"

和普通人的区别是，普通人会把失败归咎于外界："客户是混蛋""我今天没休息好""老板的要求太高了"，而习得性无助症候群，会把失败归咎于自己："我不行""我没办法""我就是做不到""我是笨蛋""我就是不如别人"。

最让我们害怕的，是失去对自己人生的控制感

我 10 岁时的一次骑车经历给我上了重要的一课。当时我刚学会骑脚踏车，新鲜感让我整天骑着车到处溜达。在我的学校附近有一个斜坡，斜坡下方是一个急转弯。一天早上，我骑着脚踏车冲上斜坡，到达斜坡顶端后停了下来，然后从坡顶以很快的速度冲下去，那种飞速前进的感觉让我很开心。然而下坡结束的地方就有转弯，但这时如果，刹车将速度降下来我会觉得不尽兴，于是我下决心绝不减速，到转弯的地方直接拐过去。

最后的结果显而易见，在我决定不减速的几秒钟之后，我便躺在了路边的草丛里，身上被杂草划伤了好几道，新脚踏车也撞到了树上，整个车身都变形了。

那是我第一次感受到，失去自我平衡所带来的痛苦和无法控制人生的恐惧。

为什么有那么多人怕鬼?

鬼代表的是未知，那么未知又为什么令我们如此恐惧?

因为未知代表的是失去控制感，任何我们从未经历过的事物都会让我们感到恐惧，它使我们失去了对自己生活状态的把控。

这种失控感才是最重要的，失控感使我们觉得无法掌控自己的人生。

这是最可怕的无助。

如何跳出习得性无助的循环

习得性无助被关注，更多是因为那些"明显"遭受过虐待的人，比如遭受家庭暴力的妇女、被绑架的人质、受虐待的儿童等。

人们很难理解，为什么遭受家庭暴力的妇女就是不反抗，事实上，她们之中绝大多数人在刚刚遭受到暴力的时候反抗过，只是反抗之后往往遭到了更严重的暴力。所以她们干脆放弃尝试了。

即使这些人离开了折磨他们的客观环境，要恢复正常的生活也不是件简单的事情。因为内心已经千疮百孔，而行为模式已经形成，她们不愿意做出任何可能会失败的尝试。

那么，如何摆脱习得性无助呢？

做那些力所能及的、你能改变的事情。

任何时候，失去对自己人生的控制感，都会引起习得性无助，导致万念俱灰。

1976 年，心理学家在一家疗养院进行实验。

结果表明，疗养院本身就是个强调服从，病人始终采取被动姿态的地方。不过病人常常会提出一些额外的要求，比如想把自己在病房中的床挪个位置，或者想在礼拜三晚上看一个非电视单中的节目。

如果疗养院对病人的这些想法予以反对：病人失去了对自己生活的控制感，他们的幸福感就会急剧下降，随之下降的还有病人的健康状况。如果长期严苛地对待他们，还会引起病人的阶段性暴动。

如果疗养院允许病人拥有一定的选择权，那么病人的幸福感就会大幅度提高，同时变好的也包括他们的身体。

仅仅是允许病人选择自己喜欢的电视节目，允许他们搬动自己的床，就会使他们感到幸福。

这个案例给我们的提示是：仅仅是拥有小小的选择权和改变权，就能全面改变你的生活。

从现在开始，学会选择和改变自己的生活，哪怕是从非常小的事情开始。

我建议你做出一些积极的改变：

搬动屋子里的家具，改变家具的位置；

小小装修下房子（类似于自己刷墙，选择自己喜欢的油漆颜色，可以带来很大的成就感——我向你保证）；

扔掉那些舍不得扔掉，但是很久都没有用过的东西；

对自己不喜欢的事情说"不"。

不敢说"不"会加重你的习得性无助。

很多人的习得性无助，是从无法说"不"开始的。不敢说"不"，不好意思说"不"，开始的一次次不情愿的妥协，只会使你情绪失控。

过去的你，即使再不高兴，也只会说"好的"，那么现在可以开始说"不"了。

就一个字：不。

当你真的说出口，你会发现这并没有那么难。但是你却因此重新获得了对自我的控制感。

你要做出小小的反击，如果失败了，你也要告诉自己："虽败犹荣。下次我会更努力，或者选择更聪明的方式。"

从点滴开始重新掌控自己的生活。从点滴开始尝试，告诉自己：每一次失败，仅仅代表这一次失败了。

没有任何失败能够决定你今后人生的胜负。

把自己的成功写在小本子上，每天都要写，做完一件事就立刻写上，哪怕是"今天成功地打通了一个以前我不想打的电话"。

每一笔都记录着你的成功，随着本子上写过字的页数逐渐增加，你的习得性无助也在渐渐走远。

最重要的是你要做出自己的选择，而不是依靠本能、习惯，随波逐流地生活。

做出选择，哪怕是极小的选择，也能够抵御习得性无助对你的摧残。

也许你没有那么坚强，但是你也没有那么脆弱。

你并不格外脆弱，就像你并不格外无能一样。所以，不要轻易地屈服。

第二章

摒弃假象：
镜子、复制品和奴隶

　　我们每天环顾四周，看到的并不是真实、完整的世界，而是我们选择看到的、选择相信的世界。

　　镜子、复制品和奴隶，都是我们为自己制造的幻象。

你是他人的镜子

2007 年 3 月，我独自走在午夜 11 点的街头，天空下起了毛毛细雨。

手机在兜里，已经关机。关机之前家里人打了几个电话，我草草回了一句："一会儿就回家。"然后就挂掉了。

只有经历过的人才明白，有些时刻只想自己独处。

心情糟透了。

雨虽然小，但是非常凉，慢慢地沁入我的头发丝、脸颊。它让我身上厚重的冬衣显得更加沉重、冰冷，像铠甲。

我竖起领子，慢慢地走着。

我正在犹豫要不要开始第三次创业。

前两次创业都不算成功，所以这次我身上的担子显得格外沉重。

一个我——她是我人格中渴望安定、循规蹈矩的那部分——在我耳边悄悄说："为什么非要创业呢？你手上还有不少钱，把那些钱存起来，老老实实找个工作吧。为什么你不能像别人一样？"

这句"为什么你不能像别人一样"把我的心神带走了。我也常常从别人那里听到这句问话：为什么你不能像别人一样？为什么你不能像别人一样踏踏实实、普普通通、听话、稳定？

"像别人一样"后面可以跟着任何形容词和动词，但是没有一个是可以用来形容你的。

此时，我内心深处的另外一个我有点急了，她是我性格中最骄傲、最勇敢、最不服输的那部分，她大声在我耳边说："你干吗非要像别人一样？"

她急躁地说："前怕狼后怕虎的，就算这次再失败，大不了以后不创业就是了！"

我想：她想得太简单了。没有那么简单。

假如你前进——那可是没有退路的啊。

我默默地对自己说。

我是如此渴望安定，不再漂泊。创业路上的每一天，固然有喜悦和成功，也常常伴随着忧心和失望。

我不能欺骗自己，这是甜蜜的充满成就感的一往无前的旅程。

其实，我创业后，几乎一直在风风雨雨中前行，唯一的区别是：有时是黑夜，有时是白天；有时有伞，有时则没有。

那些没有伞的漆黑的风雨夜我是如何度过的呢？

像现在一样，裹紧衣服，低下头，然后忍耐着前行。

那个骄傲的我说：所以，你到底在怕什么呢？

我怕的不是自己，而是别人：如果这次失败，我很难想象自己将如何面对家人失望的眼神。他们会怎么看我呢？

我小时候就听过一句话：一人无能，全家受罪。

第一次听到这句话，我可是一笑置之的。怎么可能一个人没本事，全家都受罪呢？难道全家靠一个人吃饭吗？

我长大后，对这句话有了新的认识：它讲的是，人身上担负的是责任。人可不是完全为了自己活着，还有家人；人需要负责的不仅仅是自己，还有自己的家庭。

如果一个人承担不好自己的责任，那么他身上的责任就要转移到他身边的人身上。

及至我开始创业，我才更深刻地意识到：原来创业真不是我一个人的事情，还需要家里人的支持和奔走，需要家里人掏钱。需要我的丈夫拿出他的存款，那是他多年的积蓄；需要我的父母拿出压箱底的钱，那是他们用来养老的。我虽有不忍，但是却无法拒绝，因为我需要他们支持我的事业，也需要他们理解我因为创业而产生的方方面面的问题。

如果因为我没本事，导致创业失败，那可真是全家受罪啊。我想了想那个画面，我的父母一定会强忍着失望，安慰我。

而我的丈夫呢，一方面，他可能不会责怪我，但是他一定会说：这次就算了，胜败乃兵家常事。创业哪有那么容易呢，还是踏踏实实找个工作吧。

我被这情景吓得畏缩了。

还有朋友们、伙伴们和客户们……其中有一些人，其实是不支持我创业的。我想，假如我失败了，他们会怎么说？

我的脑海中各种想法互相冲突。

我忽然发现，原来我最大的压力来源，并不是"失败"，而是"失败"之后"别人"会怎么说。

那一刻，失败后如何面对他人的压力，超过了失败本身的压力。

为什么我们要通过他人的眼光来评定自己？

这个发现让我既吃惊又迷惑：所以我是为了别人而活吗？为什么我要用别人的眼光来评定自己？

一直以来，我都认为我是个非常勇敢、有魄力的人，我的家人和朋友也这么看待我，但是直到那天晚上，我才第一次意识到，原来我并不特殊，我也那么在乎别人的看法。

我对别人看法的重视程度，甚至在不知不觉间超过了我对自己想法的重视程度。

你是不是也和我一样呢？

我们通过他人的眼光来评定自己，每个重大决策都要考虑他人。

人是一种社会化的动物，人类比任何动物都更在乎自己在同类中的形象。

当内在的自我缺乏力量和自信时，我们就会转向外界，去寻求认可，来确认自己的存在。

你是自己的复制品

虽然，每个人都可以说：我已经成长到了 20 岁，30 岁，50 岁……但是辩证地看，只是年龄到了那个岁数。

成长是个非常复杂艰难的过程，它包含了对自我的超越，对过去的自我的反复否定和审视，对未来的反复设问，对命运的抗争和顺应……

虽然身体会渐渐成熟老化，但成长却未必随之停止。很多人只是年华老去，但是成长却不会停止。

罗曼·罗兰说："大部分人在二三十岁就死去了，因为过了这个年龄，他们只是自己的影子，此后的余生则是在模仿自己中度过，日复一日，更机械，更装腔作势地重复他们在有生之年的所作所为，所思所想，所爱所恨。"

这段话的意思是：很多人在二三十岁的时候就不再成长了，他们像是行尸走肉，又像是自己的复制品。他们在二三十岁的时候就提前衰老步入死亡，今后的几十年，他们不再有追求，也不再冒险，一天比一天衰老，每天都是前一天的重复。

我想这是很多人的真实写照。

那些"二十多岁"就"死了"的人，就是那些二十多岁就丧失了人生目标的人。很多人年纪轻轻就过着麻木的生活，每天随波逐流、浑浑噩噩，只有情绪，没有思想，像机器一样过着千篇一律的生活。

他们的生活，就是"一眼就可以看到尽头的生活"。

而那些没有"死去"的人，他们有自己的思想和追求，有对生活的无尽热情。他们不断为着自己的愿望努力，他们知道自己要什么，并且知道如何做才能更接近自己的愿望。

虽然年纪不断老去，但是每到一个新的年龄段，他们都会有新的目标。他们从来不会说"现在做……已经太晚了"，也不会说"可惜当时没有……"，只要他们想做，他们就会去做。

最近有一则新闻非常火爆，内容是："105岁学霸爷爷去大学旁听，打算考博士"。

一位台湾老人，74岁的时候开始独自旅行，去过英国、法国、德国，他在87岁的时候陪伴孙子考大学，91岁的时候从台湾高雄市立空中大学文化艺术系毕业，98岁那年，他又取得了硕士学位。

在他求学期间，从未迟到早退。如今他已经105岁，最近他到新竹清华大学旁听，准备考取博士学位！

看到这则新闻，我想他是我们最好的榜样。

当很多年轻人活得像个老年人的时候，很多老年人突破了年龄的限制，跨越了时间的桎梏，没有任何力量可以阻止他们做自己。

世俗的很多观念，如"在什么年龄做什么事情""人要服老""来不及了"……对有的人来说，都是虚无软弱的口号。

是选择"死"在 20 岁，还是选择永远"活"下去？

决定权在你。

我们在不知不觉间成了自己情绪和想法的奴隶

我们花了多少时间在担忧上？

我发现，年纪越大，我们花在担忧上的时间就越多，所以才会有"少年不识愁滋味"的说法。

不过，总体来说，担忧的内容分为两大类：

第 1 类：因为准备不足而担忧

这一类担忧常常是很具体的压力，比如考试、面试、工作汇报、手中的某项重要工作……我们担心的往往是自己会把它搞砸。

这一类担忧的本质是：你没有做好充分的准备，所以对结果也缺乏自信。

这时的担忧是一点儿用也没有的，想再多也不会让你的准备变得更好，唯有实际行动才能对它产生影响。

无论是缺乏经验，还是能力不足，充分的准备都能够增加它成功的机会。

这时，最好的方法就是停止忧虑，马上行动！

第 2 类：为了无法改变的事情担忧

这个世界上有很多我们无法改变的事情，比如我们无法改变自己的出身，无法改变自己的年龄，无法改变自己天生的生理缺陷，也无法改变世界的运行规律。

我们也无法改变别人对自己的看法，无论你变得多好，总会有人不喜欢你。无论你付出什么样的努力，多么努力去证明自己或者讨好他人，不喜欢你的人就是不喜欢。并非你不够好，只是你们正好气场相斥。

为无法改变的事情担忧，相当于在一场赛跑中，所有人都在赛道上向前跑，而你却企图在身下的赛道钻出个洞来。

"缘木求鱼"就是这个意思。如果无法改变，那为什么还要担忧？

让它去吧。

我们又花费了多少时间在怨天尤人上？

再也没有比怨天尤人更简单的事情了，推卸责任、责怪他人几乎是我们的本能。

考试成绩不好，我们怪老师不会教；上不了好大学，我们责怪没有良好的环境、出身不够好；找不到工作，我们责怪大学教育失败；跑步跑不快，我们怪跑道不是塑胶；唱歌唱不好，我们怪歌曲太难；上班迟到，我们会责怪交通，责怪这个城市太堵；汇报失败，我们怪环境不好、音响不好；恋爱失败，我们责怪对方不懂得为自己着想……

我们从来不会怪自己不够努力、不够冷静、不够睿智、不够勤奋、不够充分准备、不够为他人着想……

总之，一切都是别人的错。我们轻易地就能指出别人在这件事上有什么责任，在那件事上做得哪里不好，却忘记了：你的人生，你的问题，只是你一个人的责任。

即使有时真的是别人的错，你责怪别人，别人也不会因为你的责怪受到半点伤害，或者做出丝毫改变。

每个人的不幸都比别人想象得要多

虽然每个人都有不幸的经历，但是那又如何呢？你在路边随便拉住一个40岁以上的大叔大婶，询问他们的过去，恐怕谁都可以说上三天三夜。

为什么偏偏就你抓住过去的不幸不放手呢？

因为过去的不幸有时是我们的挡箭牌：因为我过去过得很不开心，所以我现在消沉点也是理所当然的。

因为我过去没有得到父母很好的爱，所以我现在自私点、不会爱人也是理所当然的。

过去，往往成了我们不再成长的借口。

记住，你永远都有选择。

永远都有，任何时候选择都不算晚。

有时，选择并不容易，选择意味着承担失败的风险，意味着背负起更大的责任，还意味着付出、妥协和放弃。因为机会成本的存在，我们每做一种选择，就承受了失去另外一种选择的成本。

但是，如果不选择，我们就什么也得不到。

我很喜欢一句广东话，叫做"食得咸鱼抵得渴"，成年人就是要能够承受各式各样的代价。

如果搞砸了，从中汲取经验，下一次试着做得更好。

我们花费了太多时间和烦恼抗争。

在我30年的人生经验中，绝大多数烦恼和痛苦都是会过去的。

之所以它能够在你身上发挥比它应有的力量更大的影响，能够长时间地折磨你，就是因为：你费了太多力气和时间去想它们、解决它们、和它们抗争，你花了太多时间在怨天尤人上。

痛苦的力量始终是在减弱的。它能持久地伤害你，是因为你允许它这样做。

真正的自由是把快乐建立在自己身上

如果你为某个人或某件事感到痛苦，也许正说明你在把自己的快乐建立在他人或者它事上，这时你的快乐永远是需要外在条件的。

如果不需要任何外在条件，你的快乐只是自身的快乐，既不因为某个人，也不因为某件事，这时才是真正的自由。

不再把幻象当成自我

成见从何而来？

我们的大脑，每秒要处理的信息是四千亿位（bit），而我们能够意识到的，不过是其中两千位的信息。大脑的特性决定了我们会有选择地处理和看待事物，有选择地从什么角度去体验世界。

我们如何进行选择，受到我们自身条件——你从小到大被灌输的观念、标准和价值观——的制约。

所以，同样的一件事，在不同的人眼里会有不同的演绎。

我们每天环顾四周，看到的并不是真实、完整的世界，而是我们选择看到的、选择相信的世界。

这就是我们价值观和成见的由来，大脑会自动排除掉那些不符合它的观念的信息。

同样，我们看到的自己，也是自己筛选出来的自我。

镜子、复制品和奴隶，都是我们为自己制造的幻象，都不是真实的自我。

第三章

认清自己：
真正的"你"是谁

古希腊神庙入口有一句非常著名的话：认识你自己！
认识自我，其实是每个人的终身课程。

自我审视，才能获得超越

自我审视能够让我们的心灵和眼睛进行交流，这就是它的价值所在。心灵和眼睛的交流能够让我们了解自己的心态和实际拥有的能力，再经过大脑的思考后制定出切实可行的行动计划，这样才能得到事半功倍的效果。

自我审视才能获得自我超越

自我审视是一种超越自我的方法，通过这种方法能够不断修正自身的缺点，提高自己的综合能力，避免因为对自身能力判断错误而失败，也可以避免错过属于自己的机会，进而将自己所拥有的能量释放出来。一个会自我审视的人，他所拥有的气场应该是质朴厚实的，并且能够收放自如。他不会像华尔街的无知投机者那样赔光自己的一切，也不会像纽约州政府的法律顾问那样面对嚣张的犯罪分子只会坐在椅子上发呆。

一位老师在课堂上向他的学生提问："有个人想烧壶开水，在他将火点燃之后才发现自己的柴并不够将一壶水烧开，这时应该怎么办？"

有人说赶紧出去砍柴，有人说应该出去买。

老师没有评判这些答案是否正确，而是说："为什么不考虑将壶中的水倒掉一些呢？"

能做到什么事需要由自己的实际能力决定，这点对于成功有非常重要的意义。与其在原地进行不切实际的幻想，不如根据自己的实际能力降低目标。

很多时候只需要向后退一步就会获得成功，但很多人却看不到这一点，只是拼命地向前冲，却始终到不了终点。向后退一步的人寻找到了去终点的另一条道路，而拼命向前挤的人不得不在中途停下来，望着终点哀叹。

能够向后退一步的人会不断审视自己，在前进道路上有一只眼睛一直是看向自己的，而只会一味向前冲的人我们能给的评价只能是"勇气可嘉"。

一个能够正确审视自我的人，总能给自己找到适合的目标，将自己的能力最大化地使用出来，他们做事情的效率非常高，绝不会无功而返，平庸和愚蠢这样的词语和他们的生活从来没有交集。

自我审视是一个寻找自己内心痼疾的过程，也是对自身优点以及劣势全面检查的一个过程。同时，自我审视还能够触及我们心灵深处，将隐藏在我们心里的无知自大以及懦弱虚假等抛弃。

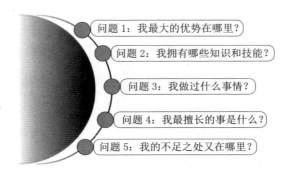

帮助我们审视自我的 5 个问题

能够让我们从激烈的竞争中脱颖而出的只有我们自己，不要因为感觉命运不顺就怨天尤人，当你学会审视自己时就会从不同角度看待问题，对自我的理解也将有新的认识，这时，你会发现这个世界将成为一个条理分明、方向清晰的世界。

想要清晰地审视自我，评估自我，可以从下面几个问题开始。

我最大的优势在哪里？——了解自己所拥有的能力，学会给自己评分。通过理性的分析思考，将自己的潜力发掘出来。学会审视自我这是第一个步骤，通过分析就能够解决"我能够做哪些事情"的问题。

我拥有哪些知识和技能？——专业知识、个人特长、工作技能等等，这些都有可能影响到你前进的方向。

我做过什么事情？——人生经历和工作经验都会让我们从中发现自己的优势以及缺点。这些是非常宝贵的人生财富，对你今后的发展起着至关重要的作用，个人的素质、潜力以及未来发展空间的大小都受其影响。

我最擅长的事是什么？——在成长的道路上你会做很多事情，但你最擅长做的事情是什么呢？有没有成功的案例？你是如何将这件事情做成功的？成功是偶然的还是必然的？通过这些分析，你可以从中发现自己的优势，比如勇敢、坚强、具有领导能力等等。

我的不足之处又在哪里？——每个人都有弱点，比如没有自律性，缺乏创造力，思维方式固化等。对于自己的弱点要学会正视，尽量让这些弱点对自己的影响最小化。

客观看待自己是一种稀有品质

人贵有自知之明，没办法审视自我的人很难在某个领域有所建树。

亚里士多德说："了解自己是一件非常困难的事情，同时也是一件很残酷的事情。"

自我审视并不容易，因为自我审视要求我们消除很多不良的情绪，在认识自我的过程中不断超越自我。在当今社会能够客观分析他人的人非常多，但却很少有人能够客观地看待自己，原因就在这里。客观看待自己是一种非常稀有的品质！

摘下你的"受害者"面具

那是很普通的一个早晨，和平时的任何一个早晨一样。

我出门的时候先是和我母亲吵了一架（因为她没有把粥做熟，而且把昨天的剩饭给我吃）。

然后在门口又生了一顿气（因为某个邻居把车停得紧挨着我的车，我费了很大的力气才把车倒出来）。

开车上班的路上被不遵守交通规则的蠢货别了几下，作为报复我使劲地按喇叭，然后想超过他们——但是令人生气的是没有成功。

因为路上车太多了，而且大家都不懂得礼让，导致所有的车都行驶缓慢，我上班迟到了 10 分钟。

我怒气冲冲地坐到座位上，客户打电话来又要修改标准——之前已经修改了两次了！他们到底有没有诚信精神？

我把这件事交给我的下属，但是她连昨天我交代的事情都没做完——理由是还没来得及做。

一直到中午，我和朋友约好一起吃饭，在燥热的餐厅里，我一个人坐着傻乎乎地等着她，在她迟到 20 分钟出现时，我整个人爆发了。

我讥讽地说："真是看出来你忙了，连吃顿饭都要别人等。难为你大中午抽出时间和我吃饭。"

朋友的妆有点花了，看得出来她也是急急忙忙赶过来的，她对我说抱歉，但是仍然不能平息我的怒火。

可恶的是，点的汤一点儿也不好喝，菜的油又大，这家餐厅怎么越来越差？

我冷着脸吃完了饭，我想跟她说一起去喝咖啡。

但是她却站起来，说："今天够了。我受够你了。你到底是为什么这么生气？真的只为了我迟到 20 分钟？我跟你说过了，因为客户临时加单，其他人都走了，我不能把客户晾在那儿。你真的不能理解吗？上次你迟到我也是这么等你的啊！最近你越来越不好相处了。"

朋友加重了语气："所有人都对不起你是吧？就你是受害者是吧？我看你还真上瘾了！"

接着朋友拎起背包说："你还要扮演受害者角色到何时？我实在是受够你了。你自己想想吧。我先走了。"

虽然是盛夏，但是我却感觉被人往头上泼了盆冷水。

仔细想想，似乎很多人都"怕"我，包括我的同事、下属，甚至我的母亲……我已经很久没被人这样当面训斥过了。

她走了，我坐在餐厅里默默发呆。前所未有的挫败感席卷了我。

摘下你的受害者面具

我揉揉脸，仿佛要把那个叫做"受害者"的面具从我脸上摘下来。

坐了大约一刻钟，我慢慢走出餐厅，然后慢慢向公司的方向踱步，我走得很慢，心不在焉，回想着我朋友的话以及我今天上午是如何度过的。

我今天真是没少生气啊——我先是这么想。

奇怪的是，虽然被朋友不留情面地训斥了一番，我内心的怨气反而消弭了。

已经过去了半天，我的内心终于获得了平静。

真是难得的平静——前半天，我的内心都在不停地责怪，责怪所有我遇到的人，责怪路人、责怪下属、责怪母亲、责怪朋友。

当我不停地责怪他人时，我也并不快乐，反而因为怨气和愤怒变得焦躁。

然后，我想到了我妈妈失望的眼神，想到了被我按喇叭的其他车，想到了我对下属的嫌弃态度，想到我是如何奚落我的朋友的。

我的内心涌起了强烈的愧疚，我用了很大力气才克制住了马上打电话向她们道歉的冲动。

如果我真的道歉，她们一定会说没关系。但是，现在比道歉更重要的事情，是审视自我。

"一直以来，我觉得自己是这样无辜，而别人老给我添麻烦。"

那天下午我没有工作，而是仔细梳理了自己的内心，发现一直以来，我都在扮演一个受害者，乐此不疲。

从那天以后，我开始有意识地倾听我心里的声音。

受害者在我们的脑海中不停地抱怨：

"说是我朋友，但是完全不为我着想。怎么好意思这样做？"

"为什么非要这样？我就不能做我喜欢的事情吗？干吗老是对我指手画脚，用异样的眼神看我？"

"受不了，隔壁那个人在干吗？怎么能在地铁里那样站着？哎呀他向我这边走过来了！去！离我远点！真讨厌！"

"领导全是蠢货，蠢货，一天到晚就知道命令人，但是他自己什么也干不好……我受够了，为什么领导全都这么蠢，这么自以为是？"

"一个个地全都针对我。"

……

这些是什么？

这些是我们脑海里的"声音"。即使我们站在那里，什么也不做，我们的大脑仍然在不停地发出声音。

它会对遇见的任何人、任何事评头论足，它是如此肆无忌惮、反应敏捷，从来不会有哑口无言的时候。

更重要的，它会灵敏地对所有来自外界的事物做出反应。

我们大脑中像是有一个不断自动吐槽的装置，对任何我们看不顺眼的事情，不断加以评论和抱怨，一刻也不会停歇。

所有人都在给我添麻烦。

所有人都针对我。

他们就是不能做好自己的事情。

这些都是我脑海中经常响起的声音。

这个声音喋喋不休，不停地在抱怨。

这个声音是谁？

我管它叫"受害者"。

受害者永远觉得自己是无辜的，而错误都是别人的

受害者喜欢把自己的错误归于"疏忽"，却把他人的错误归于"故意"。

我们的受害者心态还体现在：我们无意识地宽以律己，严以待人。这种无意识的行为，使我们不断地对周遭的事物发出抱怨声。

大多数人，对于他们脑海中那个受害者的声音是如此认同。

受害者不断地、不自觉地、机械性地抱怨，同时伴随着负能量的情绪。

对于我们内心的受害者，我们毫无知觉。我们常常把自己等同于脑海中的抱怨者，把那个充满怨气的受害者当成我们自己。

我们的思想，我们反映和思考的内容，并不是出于我们的本意，而是受到了过去的束缚——我们的任何意见、反应、揣摩，都被我们过去的教育背景、家庭背景、文化程度所制约。

即使成年以后，我们被学校和社会教育成看起来素养良好的成熟的人，但是我们内心仍然会受过去的幼稚的灵魂的制约。

我们最认同的，常常是那些最无脑的、充满攻击性的抱怨和揣度。

大多数时候，当我们思考时，不是"我"在思考，而是那个"受害者"——脑海中的受害者在思考。

"受害者"还有一个特征：它永远不会采取平等的态度对待他人。

受害者要么觉得别人高于自己，比自己好，居高临下，要么觉得别人不如自己，自己比别人优越。

抱怨可以帮助受害者壮大自己——一切都是别人的错。

我是如此完美，而别人、别的事情，总是来打扰我。

这是我们内心最愿意认同的故事。在这个故事里，我们永远是受害者。我们的一切行为，不是在忍受别人的迫害，就是在反抗别人的迫害——总之别人都是"恶"，我都是"善"。

警惕受害者！

受害者的抱怨，除了把你拉入烦恼和自私的深渊，毫无正面意义可言。

抱怨只能使受害者觉得自己更加悲惨，也使受害者更加强大。

受害者会因为他人的贪婪（不管是不是自觉地）、不诚实（不管有害没害）、不够正直（即使他人为了自保）、过去的作为、现在做的事情、说过的话、没有成功的事情……而充满怨恨。

这是受害者最喜欢的事情。

受害者的 3 个倾向：喜欢抱怨、树敌，并相信所有事都冲自己而来

想象一下，你的身体里面，其实还住着一个小人儿，这个小人儿长得就像小一号的你，但是它看起来和你有那么点不一样——它的五官和你像是一个模子刻出来的，但是它因为不会笑，所以看起来愁眉苦脸、十分阴郁。

因为身材太小了，所以它看上去如此脆弱和虚弱。

和它虚弱的样子形成对比的，是它张牙舞爪、发泄怨气的样子。

它的名字叫做"受害者"，它是小一号的你。

每当你遇到什么事，它就在你的身体里面喋喋不休，发表自己的见解。

每个人的身体里都有这样一个"受害者"。

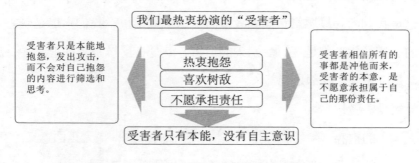

每个人身体里都有一个受害者

受害者热衷抱怨

"受害者"是如此热衷于抱怨，"受害者"的抱怨是滔滔不绝、层出不穷的，同时"受害者"的抱怨也是非常具有欺骗性的：遇到任何不愉快的事情，人都会本能地开启抱怨模式，这种抱怨是及时的、迅速的，同时也是经不起推敲的。

任何"受害者"的抱怨，只要仔细推敲，就能发现它的狭隘和谬误之处——

比如我朋友迟到，我明明知道她不是一个喜欢迟到的人，她迟到一定是遇到了什么事情。

但是"受害者"却理直气壮地说：贵人事忙，觉得跟我一起吃饭不是大事是吗？迟到没关系对吧？只不过让我等一会儿有什么大不了，是不是？

当时的我，马上就相信了"受害者"的抱怨。

这也证明了，"受害者"同时也是无意识的——受害者只是本能地抱怨，发出攻击，而不会对自己抱怨的内容进行筛选和思考。

我们常常扮演的角色：无辜的受害者

我们常常错误地把"受害者"等同于"我"，这种思想会阻碍我们认识自己。想要认识自己就需要改变这种思想。

想要用简单的几句话来概括"受害者"并不容易，认识"受害者"需要我们认真解剖，理性地进行分析。这一过程非常困难。"受害者"并不想让我们发觉它，它会阻止我们对它的解剖和分析。

因为如果我们了解了它，"受害者"就会失去对我们生活的掌控。当我们意识到"受害者"的存在后，它的生命力就会随之减弱，"真正的自我"就会显露出来，驱逐"受害者"。

受害者的本质：是不愿意承担属于自己的那份责任

有一对兄弟，他们家里很穷，父亲喜欢酗酒，还常常打人。在这样的家庭环境下，几十年后，哥哥成了市长，而弟弟进了监狱。

这对比强烈的兄弟俩引起了媒体的注意。

记者采访哥哥成功的原因，哥哥说："我的家庭贫困，父亲酗酒且常常酒后打我们，在这种家庭长大，我有什么选择？"

记者采访弟弟，弟弟也说："我的家庭贫困，父亲喜欢酗酒，还常常酒后打我们，在这种家庭环境下长大，我有什么选择？"

你可以选择的：选择奋起努力和自己的命运抗争，或选择破罐子破摔，让别人决定你的人生，然后在自己失败的人生中扮演"受害者"这一角色。

受害者没有自主意识

当耶稣被钉在十字架上时他还在高呼："原谅他们吧，因为他们并不知道自己做了什么！"

当别人对你做了不好的事情时，我们要理解他人的"受害者"，因为"受害者"本身是无意识的。

在不幸的事情发生之后，人们有两种选择：反抗它或者顺应它。有人会因为悲剧的发生而变得尖酸刻薄，抱怨命运不公；而有的人经过悲剧的洗礼，则会变得充满智慧和爱。

我们可以决定自己成为什么样的人，然而我们却不知道。

摆脱"受害者"这一身份，意味着我们自主选择脱离泥沼。从不断的挣扎到接受世界的本来面目，意味着我们开始以开放的态度面对整个世界，而不是封闭和仇恨。

受害者喜欢树敌：常常沉溺于他人对不起自己的幻想中无法自拔

事实上，很多我们幻想的事是不存在的。我们热衷于幻想他人如何对不起自己，即使心中隐隐约约觉得不对，但还是乐此不疲地在心目中树敌。

如果别人犯了一个错，我们就倾向于把它放大。别人的错误放得越大，就越能衬托作为受害者的我的无辜和明智。

人类的一个天性是：习惯于把别人犯的错放大，并定性为"故意""本来可以避免但还是犯了"，然后把自己犯的错误缩小，并定性为"不是故意的""完全无法避免"。这样想会让自己觉得轻松，因为不用承担任何道义上的责任。

受害者幻想的核心：相信所有的行为都是冲自己而来

受害者相信所有的行为都是冲自己而来，如有人闯红灯、随便超车、领导发脾气、更改上班制度、恋人有了不同的想法……

当我们这样相信，就自然而然有了防卫心理，有时还会涌起反击他人的冲动。这就是人类莫名的攻击性的来源。

要记住：真正的真理是不需要防卫的。

你的防卫，只是受害者的幻想在防卫，防止自己崩塌。

摆脱受害者的幻想，首先要明确：自己不是世界的中心，别人的行为也绝不是冲自己而来。

当我们明白，他人的错误并不是真的冲自己而来时，我们的怨气和反击的冲动就会随之消失。

受害者的幻想对我们真正的伤害在于：误解别人，把我们推入幻想的深渊，培养我们的怨气，并使我们不愿改变不好的行为。

学会分辨事实、观点和行为

每个受害者，都是选择性失明的大师，特别善于断章取义，总是选取我们愿意相信的事实，有时还喜欢随心所欲地歪曲事实。

内心是个看不见的角落，就算我们的内心波涛汹涌、怨气满满，从外表上也是看不出来的。

但是保持自我的观察觉知，能够帮助我们分辨究竟是看到了事实，还是只是个人的观点。

观点常常带动行为，错误的意见就会导致错误的行为。

"观点"这个词很微妙——我们在某个点上观察（这个点通常是我们站

立的点），得出的结论也是在这个点上得到的结论。一个"点"字决定我们永远无法做到绝对客观。

往往这边是事实，另外一边就是我们对事实的误读。

但是察觉自己内心的"受害者"，能够让我们抽离自己的身份，站到更高的位置看事件的全局，看某个人的全貌。

这也是我们抵达智慧的必经之路。

人生苦短，不如做真正的自己

真实的你到底是谁呢？

你真正的身份到底是什么呢？

你是你的名字吗？

以我来说，我叫蒋家容，这没错。然而名字只是一个代号，我的名字是蒋家容，但是叫这个名字的人多的是。这个名字并不是真实的我。

那么我是谁？

是我的职业或社会身份吗？

我是一所美容院校的开办者，是我丈夫的妻子；然而这也不能完全说明我是谁。

如果美容院校换个拥有者，那么这个描述是不是要更改？

这些外界的定义并不是我。同样的，你的职业、你的身份也并不能定义你。

你是你过去的经历吗？

我们常常用过去的经历来指代我们自己。

类似于童年时父母离异、留守儿童、父母教育太过严苛，小时候不够聪明、不够讨人喜欢、被欺负，长大以后恋爱不顺利、婚姻不如意、工作不顺心……

随便在路上拉住一个人进行访谈，都会获得这样一个悲伤的故事。

然而这些故事，也并不能代表你自己。

无论你对自己的描述和定位是"可怜人""失败者""屌丝"，还是"学霸""高材生""刚刚毕业就年薪十万""有优秀的另一半""长相出色"，都只是你对自己的身份认同，是你看待自己的角度，这些也不能代表你。甚至你的身体本身，也并不能代表你。

你一定知道：人的细胞是不断新陈代谢的，7 年的时间内身体所有的细胞更新一遍。虽然每个人都拥有身体，但是这个身体也并不是我们本身。

真正的自我，应该是充满灵性的，它并不是一系列名词和形容词所能指代的。

自我是一个生命体。

寻找真正的自我，是你在这本书的阅读过程中最重要的任务，同时也是你人生旅途中最不可或缺的任务。

找出自我的本来面目，重塑自己

找到自我的本来面目，重新塑造自己，是件非常困难的事情。

但是，如果你仍然渴望获得真正的、充满自我意识的自由和幸福，而不是懵懵懂懂地依靠本能过活，那么，找到自我的本来面目，就是人生路上的必修课。

当我们开始抗衡内心的痛苦之时，就表示我们已经摘掉了枷锁。

从我们开始对抗内心的受害者那一刻起，我们就踏上了走向强大之路。

"当我们凝视深渊，深渊亦回报以凝视。"

如果我们把它当成问题，那么它就成为你的问题。

当我们把别人视为仇人，那么他就会成为你的仇人。

如果你把自己视为受害者，你就会成为受害者。

你把痛苦之身等同于自己，你就会成为痛苦本身。

这一切，都是我们自愿套上的枷锁，而且还把钥匙扔了。

告诉自己：每一刻都是崭新的。

活在当下，意味着每一刻都是全新的；意味着，我们可以获得全新的身份，去过全新的生活，遇见全新的人（当我们用全新的眼光看待周围的人，就会发现从来没有真正认识过任何人）。

每一刻都是全新的——这看起来如此平凡的句子，其实蕴含了生命的最高智慧。

生命是一场有去无回的冒险。我们一路前行，就像坐着云霄飞车，既不知道终点在何方，也不知道去了哪里。

但是，活在当下，我们就可以享受每一刻的风景：享受幸福、快乐、平静，也享受痛苦、不平——作为生命体验的一部分。

我们被过去的经历、背景、我们所认同的自己所制约而形成的心智和性格，往往成了我们的牢笼。我们习惯于扮演我们相信的那个角色，其实这一切都是我们心智制造的幻象。

不不，那不是你。

"你可以成为任何人。"

"你可以成为你想要成为的任何人。"

只要你愿意。

成为自己：直面自己的问题、
潜意识和痛苦之身

第四章

直面问题：
每个人的终身课程

　　人生苦难重重。　一旦我们想清楚了这点，就能够实现自我超越。

　　自律是我们消除人生痛苦的最重要手段之一。

　　生命并不是由昨天构成,也不是由明天构成,生命只有"今天"。

回避问题：大多数人的选择

我很喜欢看微博"人在纽约"写的很多人的人生经历。如果我们的目光只盯着自己，就会误以为自己是世界的中心，只有多看看别人的人生，才能真正理解"太阳底下并无新鲜事"这句话。

"人在纽约"的微博中，有很多给我留下深刻印象的人生经历。如果以"人生"为关键词搜索，你会看到这样的内容：

——"我妹妹生病了，医疗费要 30000 卢比（约人民币 1800 元）。我父亲一直没有按时领到过工资，所以我们没有其他选择，我只能去找砖窑老板借钱，同意给他们打工抵债，直到把债还清，其他家人也一样。本来说好每天从黎明干到傍晚，一周工作 6 天，但我们从没在第 7 天休息过。现在他们说我欠他们 90 万卢比（约人民币 54000 元），我的人生没有希望了。他们每年会办一个集市，砖窑主们聚在一起，把我们卖掉。就在 10 天前，他们用 220 万卢比（约人民币 13.8 万元）卖掉了我们一家人。"

——"这是我人生中最糟糕的时期。我有两个弟弟。几年前，他们中有一个被诊断出患有小儿麻痹。他再也不能走路了。去年，我的另一个弟弟得了脑瘤。他再也记不得我的名字了。所以，一个弟弟需要我当他的腿，而另一个则需要我当他的头脑。"

——"我前阵子因为忧郁症休息了一段时间，现在要回去工作。我这辈子都在不时地和忧郁症做斗争，两年前车轮完全偏离了轨道。感恩节我和几个朋友吃了顿愉快的晚餐，带着不错的心情入睡，可第二天我没办法起床，四天后我的老板打电话来，我还在床上。之后两年就像是一场战争，我丢掉了工作，住院住了三次。

"我收集了整整一个大文件夹的关于抑郁症的信息，包括到哪里去做康复疗程，怎么向保险公司申请赔偿。我觉得我是在为自己的人生而战。有时候我给某家擅长某种特定疗法的医院打电话，他们告诉我他们不收我的保险。我会和他们说，请帮帮我，我快死了。"

——"你人生最大的目标是什么？""找到我的孩子。他们一个 5 岁，一个 7 岁。我告诉他们我只是短暂去一趟朱巴，过几天就会回来，但是因为战争我被困住了。我离开的时候他们哭得很大声，我只好趁一个在玩，另一个在睡的时候偷偷溜出来。"

——"我 8 岁的时候，第一次意识到自己的腿有毛病。我们在院子里玩一个需要赛跑和翻跟头的游戏，当连最小的孩子都能赢我的时候，我知道了，我的腿有问题。然后到了该上学的年纪，我是唯一一个不能去的，因为去学校要走很长一段路。"

"你记得你人生中最伤心的时刻么？"

"当我 20 岁的时候，有那么一刻我意识到我没法得到任何教育，然后我突然明白我可能也不会有自己的家庭。"

——"让我们这么说吧，我住在一个流浪人员庇护所，但我一点儿也不讨厌我现在的生活。我妈以前经常辱骂我。我那时是个小胖子，她每次一生气就会嘲笑我的体重。她一直嗑药。有时我去厨房，发现她趴在水槽边上昏了过去，水龙头还开着。我 17 岁的时候她给了我人生中的第一袋海洛因。"

——"我拿到约翰·霍普金斯大学的奖学金的时候，我女儿才 5 个月大。

我老婆跟我一起去了巴尔的摩，这样我们全家就都能在一起。我会一直感激她的这份牺牲，因为我知道那是她人生中最困难的三年。她一句英语都不会说。我们住在一个小小的房间——小到好几次我都要去卫生间学习。"

和这些人的经历相比，你会发现那些发生在你身上的苦难是多么微不足道。

《少有人走的路》开篇就写："人生苦难重重。……一旦我们想清楚了这点，就能够实现自我的超越。"

只有发自内心地理解并接受"人生本来就充满苦难"这一事实，我们才能够不再对人生中的苦难耿耿于怀。

有太多的人不愿意正视这一事实。

仿佛我们的人生本来就应该一帆风顺，任何人生中的苦难都是我们的不幸（苦难当然不是幸运，但是它也绝非不幸那么简单——苦难是客观存在的，它是绝对中性的）。

人们总是在抱怨：为什么我的人生如此不幸？为什么总是有这么多麻烦？为什么我的压力如此之大？为什么我总是遇到这么多困难？

当人们遇到苦难时，几乎没有人会把它看作生命的常态，而只是把它看作自己不幸的佐证，然后发出哀叹：命运为什么偏偏如此对我？为什么其他人过得如此幸福？

停止全能的自恋吧。人生本来就是充满苦难的，命运并不偏向也不针对任何人。

人生本身就是由一连串的苦难和问题组成的，面对人生的苦难，你是消沉痛苦，不断发出哀叹和抱怨，还是坦然接受，奋起反击？你是一蹶不振，还是积极地解决问题？

"人在纽约"中讲述了形形色色的人生，而我最喜欢的一条是：

"我在努力第五次打败癌症。 第一次是在 1997 年，医生告诉我，我只能活 6 个月。我的腋窝、膝盖、背部都有过癌细胞，还有两次是在腹股沟。生活在不断向我投来弧线球，而我不断地把球打回去。"

要解决人生问题，首先要做的，就是自律。

没有自律，你就不可能解决任何问题。少量的自律，可以解决少量的问题。只有完全的自律，才能从根本上解决问题。

如果我们把生活中遇到的难题当作我们的痛苦，那么解决它们也会带来相应的痛苦。

我们的生活会被各种纷至沓来的问题充斥，为了对抗它们我们疲于奔命。

我们的心灵始终在遭受折磨，悲哀、失望、沮丧、痛苦、落寞、孤独、愤怒、恐惧、焦虑、绝望……使我们的心灵如同被置于火焰上炙烤。

不承认人生的本质就是痛苦，我们就无法获得心灵上的自由和平静。

心灵上的痛苦和肉体上的痛苦一样令人难以承受，甚至更为严重。

人生的痛苦如此之强烈，所以大多数人都会选择逃避。

回避问题是大多数人的选择

当问题出现时，我们恨不得立刻就把问题解决掉。如果问题一时半会难以解决，我们就会寝食难安，心急如焚，直到开始以各种方式拒绝面对问题。

其中最具破坏性的一种，就是被动等待，期望问题能够自己消失。

这种期望只会加重我们的无助和绝望。

只有极少数人会说："这是我的问题，必须由我承担和解决。"

大多数时候，我们更愿意逃避问题，同时盲目乐观地自我安慰："这个

问题可不是我导致的，是别人的原因，别人总是拖累我，这次也一样。不管怎么说，这问题应该由别人解决，或者由社会来解决。总之，不是我的问题，我不需要负责。"

当我们自己解决不了问题时，就期望别人来帮忙

我曾听一位培训老师说过一个故事。

这位老师在考博士时非常焦虑，一直担心自己失败，担心自己的导师不给她机会。她的男朋友知道这个情况后开导她："不要太过担心，你现在已经是硕士了，就算没有考上博士，你以后也能找到一份合适的工作。"

男朋友的开导没有起作用，她还是焦虑。后来，焦虑的情绪越来越严重，她想要男朋友帮助自己平复焦虑情绪，但是男朋友的开导从未起过作用。

她对男朋友的不满日益加重，最后选择了分手。

后来她终于渡过了难关，并且找到了新的男朋友，两个人顺利地走入婚姻殿堂。

她的朋友们发现，她的丈夫其实非常像她以前的男朋友，无论是外貌还是性格。大家都觉得既然如此相似，为什么还要和当时的男朋友分手。

但她对此并不觉得有什么好奇怪的。她解释道，她之前的男朋友非常适合她，安慰她的方法也没有错，只是当时她无法安抚自己的焦虑情绪，所以开导没有起作用。如今她已经学会控制自己的情绪了，这件事情就不再成为她同另一半之间的障碍了。

很多人都有这样的想法，当自己无法控制负面情绪时，就希望别人能帮助自己，如果别人无法帮助自己，就会因此产生怨怼。

解决问题的过程本应成为我们心智成熟的旅程

人生，就是一个不断遇到问题，不断解决问题，然后再遇到新问题的往复循环的过程。只要我们的生命存在一天，这个过程就不会停止。它像生老病死一样无法抗拒，又如同人体的新陈代谢一样自然。

承认人生本就困难重重和解决问题的过程，也是我们心智成熟的旅程。

我们在不断解决各种各样的难题，在这个过程中能力也得到了提升。

如果不去尝试解决问题，我们的心灵就无法成长。

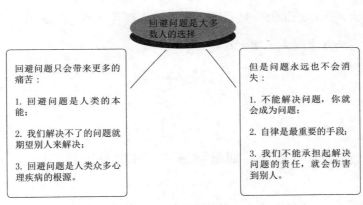

回避问题是大多数人的选择

回避问题只会带来更多的痛苦：

1. 回避问题是人类的本能；

2. 我们解决不了的问题就期望别人来解决；

3. 回避问题是人类众多心理疾病的根源。

但是问题永远也不会消失：

1. 不能解决问题，你就会成为问题；

2. 自律是最重要的手段；

3. 我们不能承担起解决问题的责任，就会伤害到别人。

回避问题是大多数人的选择

直面问题，解决问题，是我们人生路上最好的练习。

真正的智者绝不是逃避问题的人。他们要么迎难直上，要么与无法解决的问题和平共处，绝不会让它带来心灵上的额外痛苦。

遗憾的是，回避问题，永远是大多数人的选择。

我们畏惧痛苦，也畏惧问题。因此遇到问题，我们的本能反应就是逃避。

有的人会把解决问题的希望放在别人身上，期待别人能够为自己负责。

有的人则选择忘记问题的存在。

更多的人是不断拖延，绝不会主动解决问题，而是等待问题自行消失。

还有的人无法承受问题带来的痛苦，用酒精或药物来麻痹自己的神经，以获得片刻的解脱。

还有的人，活在自己想象的世界里，给自己搭建了一个虚幻的城堡，甚至和现实脱节。

回避问题，几乎成了我们的本能。

回避问题、逃避痛苦是人类的本能，同时也是人类庞杂的心理疾病的来源。

正因为人人都想逃避问题，所以大多数人都存在着心理缺陷。

心理完全健康的人寥寥无几。

我们只有解决"回避问题"，才能解决其他问题

很多时候，我们只有解决"回避问题"，才能解决其他问题。

如果一味逃避问题和痛苦，就会失去心灵成长的机会，随着人生的问题越来越多，我们的心智不仅没有成熟反而越发幼稚，痛苦也随之加剧。

问题永远不会消失。

即使我们拒绝看它，它也不会因此移开。

所以，面对人生的问题，正确的做法是：正视问题。正视问题和痛苦，对我们的人生具有非凡的意义。

"如果我们不去解决它，它只会不断带来新的痛苦。"

勇敢面对问题，承担起属于我们的责任，才能够使我们的心智进入成长型思维模式。

其中，最重要的一条就是自律。自律是我们消除人生痛苦的最重要手段。

自律意味着，我们在面对问题和痛苦时，能够抗衡我们逃避的本能，以坚定勇敢的态度直面问题，并从中学到如何忍受痛苦。

人类回避问题的倾向也常常来自于家庭

人们回避问题的倾向，通常来自于错误的家庭教育。父母常常会给自己的孩子树立一种反面榜样。父母不会承担自己的责任，所以他们的人生问题重重。

同时，身为问题父母的子女，也会模仿父母的行为，重蹈他们的覆辙。

我有一位非常擅长烹饪的女友，她是个工作能力出众的女性，同时也是一个 5 岁女孩的母亲。但是她最大的烦恼，就是管不好自己的女儿。

虽然她很爱自己的孩子，但是孩子每次出了问题，她都只是粗暴地用自己的家长权威去压制孩子，类似于孩子挑食、不愿意自己刷牙、睡觉时间晚这种小事，她都不知道如何和孩子沟通，也没有在孩子小时候帮助她养成良好的习惯。所以现在，她能做的，就是警告孩子要听话，否则后果自负。

尽管这么做效果并不好，她却没有想过是不是有别的方法能够解决问题。她对我说："我对这个孩子一点儿办法也没有。"

我告诉她，要花更多时间在了解孩子的心理和行为上，然后让其慢慢建立良好的行为习惯。

但是她却说：我没那么多时间，我只希望她能像别的孩子那样听大人的话。

不花时间怎么能解决问题呢？

虽然我这个女友聪明又有能力，在工作中的表现令人敬佩，只要她肯付出努力，解决她女儿行为习惯的问题并不是件难事，但是她就是不愿意花时间在教育孩子上。

教育孩子的问题让她感到焦躁，所以她的想法是尽快摆脱这种状况，尽量减少自己和孩子接触的时间。

如果你不能解决问题，你本身就会成为问题

很多人因为不肯承担属于自己的那份责任，反而使自己的人生问题变得更多更复杂。

很多人不由自主地把责任推给父母、配偶、朋友、上司、同事、孩子……任何可以抓住的人都是他们推卸责任的对象。这种推卸责任的行为，要么会使我们周围的人因感到痛苦而奋起反抗，使彼此的关系越发糟糕；要么使他们逆来顺受，直到产生习得性无助。

我们意识不到自己推卸责任的行为是多么伤害身边的人。

还有的时候，我们把问题推给那些更为抽象（抽象也就意味着它们无法为自己争辩）的事物，最常背黑锅的对象无疑就是"社会"。

我常常听到别人抱怨："现在的社会……"

"这都是社会问题。"

"统治者和社会应该共同承担责任。"

这种论点的荒谬之处在于，我们自己也是社会的一部分，但是当我们把责任推给社会时，却忘记了这一点。

直面问题：心智成熟的开始

大多数有心理问题的人，都会表现出两种症状：他们要么过分承担责任，把不属于自己的责任也揽到自己身上；要么回避问题，拒绝承担任何责任。

前者会引起各式各样的神经官能症，他们更习惯于把错误归咎于自己，然后进行自我攻击。他们常常说的句子是：

"其实我本来可以……"

"我或许应该……"

"我不应该……"

每说出一次这样的话，都只会加重他们的抑郁。

比如说："我本来可以考上那所985学校，但是我当时没有信心，导致了失败。"

"我或许不应该这么早就谈恋爱，我根本没有做好准备。"

"我不应该过现在这样的生活。"

据我观察，喜欢推卸责任、回避问题的人，要远远多于倾向于承担责任的人。

很多人认为，在面临问题时，自己是无能为力的，而无能为力又成为他们不作为的理由。

他们常常挂在嘴边的词组是：

"我不能……"

"我做不到……"

还有很多人，他们把不属于自己的责任揽到自己身上，但是对于自己应该承担的责任却拼命地回避。

回避问题只会带来更大的痛苦。

通常，我们用在回避问题上的力气，要比用在解决问题上的力气大得多。

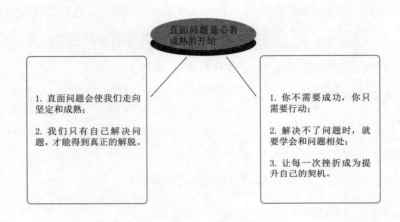

直面问题是心智成熟的开始

直面问题是我们心智成熟的开始

活在这个世界上，正确地评估自己和自己的责任、解决和面对自己的问题、接受人生给予的各种快乐和痛苦，既是我们的责任，也是我们永远无法逃避的问题。

理智评估责任归属，当然会产生痛苦，于是回避几乎成了我们的不二选择。但是，只有认真地评估和反省，并忍受直面问题带来的痛苦和折磨，才是我们应该选择的道路。

心智成熟，是我们毕生的任务，它从直面问题、承担责任开始。

每个人都需要花费很多时间和努力，才能做到正确地认识自己、正确地认识现实。承担责任，正是了解自我和现实的重要内容。

我们只有自己解决问题，才能得到真正的解脱

我的一个企业家朋友给我讲过一个故事。

他曾经是个落榜生。他在 2001 年高考落榜，这对 18 岁的他来说无疑是重大的打击。当他看到那些拿到录取通知书的同学时，感觉自己仿佛处于另一个世界。在他万分失意的时候，他的同学们憧憬着未来：大学的象牙塔生活是多么美好，毕业后手中的文凭会成为就业的砝码，可以继续深造、可以应聘事业单位，前程似锦。

而他手拿一纸高中毕业证书，在人才市场里仿佛一个可笑的孩童。高中学历以及工作经验的匮乏，让他处处碰壁，于是他选择了南下打工！

2002 年 9 月，他到深圳打工。他的一个亲戚在电器厂里上班，带他进了厂。厂里的生活单调而重复，电器的各个部分都是分车间生产，而他所在的这个车间只负责电子元件的组装，其他的他一概不知。

他就这样过了几个月麻木的生活，每天都浑浑噩噩，随波逐流。工作并不特别辛苦，但是他感觉到前途黯淡，看不到希望。

直到有一天，他被现实惊醒。

那是 2003 年的春节，一大家人坐在一起吃团圆饭，突然电视出现了波纹花点，看不清图像了。大过年的，也找不到维修人员。

他的父亲说："你们电子厂不是生产电视的吗？你去把电视修好。"

他刚想辩解电视机生产和维修是两码事，可一大家人都看着他，他只能硬着头皮走到电视机前，根本不知道从何下手。

父亲说："你倒是修啊，怎么还不修啊？"

其他亲戚也附和了两句。他只是一言不发。最后大家都不再说话了。

虽然家人并不是故意伤害他，也不懂得电器装配与维修之间的关系，但年夜饭，他吃得非常不是滋味。

后来他对我说：那天夜里，他翻来覆去一夜未眠。自己这样打工，的确是足够自己生活并且能有点积蓄，可是前途呢？现在这个年纪，每个月挣2600元，不算太糟。可这样下去，等到他30多岁的时候，每月又能挣多少钱？厂里最熟练的职工天天加班也不过3300元。在一个重复劳作的工作岗位上，他学不到任何知识。他只会熟练地组装电子元件，可他连这些电子元件的作用都不知道，连电视机的原理都不清楚。这样的自己，真的有前途吗？

后来，他不顾家人反对，离开了工厂，开始寻找属于自己的路。

现在的他，事业如日中天，和18岁时在工厂里的他已经不可同日而语。

但是他说，他永远也忘不了那个夜晚。他说，那一夜是他人生最痛苦的一夜。因为活在问题中时痛苦不那么明显，当直面问题时，那种痛苦真是清晰至极。

但是，直面问题后，就再没有那么痛苦了，因为他终于开始解决问题了。

如果没有直面问题，问题就会一直存在下去，并不断带来新的痛苦。

你需要自己解决问题，而且必须自己解决问题了。

依赖别人解决，只会使你习惯于被他人豢养，你会像菟丝花一样缠附在他人身上，最终成为别人生命中的沉重负担。即使别人愿意被你依赖，你也不会觉得幸福：因为你不是靠自己的力量活着。

最重要的是，你找不到自己的价值。因为，这一切，只有依靠自己才能得到。

你不需要成功，你只需要行动

在我无数次瞻前顾后时，我的内心总是被焦虑充斥。明明是我非常想做的事情，但是我却害怕失败。

还有很多问题，在我看来是那么困难。

直到有一天，我再次因为一个问题裹足不前，我的丈夫鼓励我说：去做吧。无论什么结果都不要后悔。

我焦虑地说：但是我失败了怎么办？

我的丈夫说：你不需要成功，你只需要去做这件事，因为现在你犹豫要不要做的压力，已经超过了这件事本身带给你的压力了。你开始做，一个问题就解决了。

我恍然大悟，立刻下定决心，然后展开了行动。没想到的是，当我决定去做的那一刻，我身上的负担忽然减轻了。

当你觉得压力太大，难以抉择时，不妨立刻开始行动。抉择只会带来更大的压力和痛苦。立刻行动，答案会在行动的过程中水落石出。

解决不了问题时，就要学会和问题相处

如果这是一本心灵鸡汤，我会很愿意和你说：加油、努力，所有的问题，只要你付出行动就能解决。

如果真的是这样，世界该多美好。

我们之所以面临问题时如此痛苦并想要逃避，固然有人性中软弱面作祟的原因，不过有的时候，还有另外一个原因：人生中有些问题是解决不了的，我们也非常清楚这一点。

一天深夜，我接到了一个电话，是我的一个朋友，她在电话那头痛哭。她刚刚查出来染上了一种疾病，这种疾病不会让她立刻死亡，但是目前的医学也无法治愈。这个病就像定时炸弹一样安在她的身体里。

我听着她在电话那头呜咽。她找不到其他人倾诉，也不想让父母知道。

而我能做的，也只是默默倾听。这是我解决不了的问题，也是她解决不了的问题。没有任何一种办法可以让这种疾病从她身上消失。

不仅仅是疾病，还有很多人带着贫穷、生活的压力、童年的阴影等等在生活。

这个世界上不是所有问题都能解决——这是真理。

也许你会问：那我们直面问题的意义是什么？

嗯，前面说过了，如果不直面问题，只会引起人生中更大的痛苦。

直面问题的根本在于：去行动，去解决那些有可能被解决的问题，然后和那些不能被解决的问题和平相处。

有个老人说：等你到了我这个年纪，你就会发现生活到处都是问题，你的身体、老伴的身体、不孝顺的儿女……当你连大小便都无法控制的时候，你要做的，就不是解决问题，而是学会和问题相处了。

学会和问题相处，与回避问题的区别在于：你选择平和，还是选择怨怼；你选择接受，还是选择不接受。

让每一次挫折成为提升自己的契机

有没有一扇窗

能让你不绝望

看一看花花世界

原来像梦一场

有人哭

有人笑

有人输

有人老

到结局还不是一样

有没有一种爱

能让你不受伤

这些年堆积多少

对你的知心话

什么酒醒不了

什么痛忘不掉

向前走

就不可能回头望

——《朋友别哭》

每次听到《朋友别哭》这首歌都特别有感触，其中那句"有人哭，有人笑，有人输，有人老"更是道尽了人生的真谛。这首歌从2005年开始，一直陪伴我到现在。

每次在感到茫然和伤心的时候，我都会听这首歌，有时它能够安抚我，使我变得平静；有时伴随着歌声，我会一边流泪一边写日志。

人生的路有太多的不如意，这些年我悟到一点：幸福要靠自己争取，不要奢望别人给你幸福，任何人都没有义务给你幸福，也没有人有能力让你幸福。

自己不强大的时候不要悲观绝望，记得努力地充实自己，让自己强大起来。

如果你失意了，自卑了，茫然了，请听听这首歌——《朋友别哭》。

如果你真的忍不住，还是可以哭的。偷偷地哭是可以的，但是你的眼泪最好不要让别人看见。让朋友和亲人看见，除了让他们为你担心，毫无助益；让陌生人看见，你的眼泪和他们无关。

然后记住，哭过之后请擦干眼泪，勇往直前！

小时候经常因为自己是女孩，被邻居歧视。他们觉得女孩没有什么出息，长大了要嫁人，会是别人家的人。

在我出生的前一天，母亲还被奶奶逼着去做人流，母亲舍不得活生生的生命就这样没有了，硬是鼓起勇气把我生了下来。

为了我，母亲承受了太多太多的压力。这些都是我出生时的事了，如果父母不告诉我，也许我永远都不知道。

但是每次听到母亲提起这些往事，我都泪流满面，她为了我受了太多太多的苦，我绝不能让她失望。从小我就下决心要争气，女孩不会比男孩差的。

这种愿望也使我早早就背负起不属于我那个年龄的压力。

在我成长的过程中，也曾因成绩差而哭得眼睛都肿了。每一次我觉得自己表现不够好，都会哭，但每次哭过之后，还是擦干眼泪继续努力，因为眼泪换不来同情，眼泪换不来成绩，只有自己努力才可以。

进入社会后，我茫然过，失落过，最让我难受的是，我不知道属于自己的路在何方。失落之余也会哭，但都是偷偷地一个人哭，哭过之后还是要面对明天的挑战。

结婚后，因为家庭的压力，生活的压力，事业的压力，种种交织在一起，我走到了人生的低谷，我知道眼泪换不来幸福，别人没有义务给你幸福。每个人都是独立的个体，而成年人要学会自己解决问题。

一切要靠自己争气，所以我选择了坚强和独立，慢慢地，我逐渐从低谷中走了出来。然后我发现尊重我的人比之前更多了，我才明白：只有自己强了别人才会尊重你。

现在，虽然我拥有了想要的一切：属于我的家庭，属于我的事业，但我并没有多少成功的喜悦，反而感觉肩上的责任更大了。

很多人也许觉得老板都是苛刻的，都是被光环围绕着的，其实做老板真的很难，身上的责任太大。我要对企业负责，对员工负责，对学生负责，每天都不敢懈怠。在很多人眼里我是个永动机、工作狂，但是只有我自己知道，我只是迫于现实。

也有很多人羡慕现在的我，他们以为我终于得到幸福了，获得成功了，其实这一切又把我逼向了另外一个新的挑战，这次不是为了解决温饱，而是为了企业的生存，为了所有员工的稳定，为了学生的将来。

如果可以再选择一次人生，我真的想做个小女人，不再承受这么大的压力。不过唯一庆幸的是，我克服了心理障碍，我没有怕，没有什么可以难倒我了。

当你茫然的时候，请不要看不起自己，人最大的敌人是自己，我也是这样走过来的，能体会那种茫然。在成长的过程中，每个人都会经历挫折和痛苦，只是早晚而已，有这样的危机感表示你开始成熟了。

下面我给大家几个建议作为参考：

第一，你要问问自己想要什么，自己的目标是什么。

第二，有了目标就要去实现，问问自己是否具备这样的能力，如果没有是否需要学习，如果学习是否具备资金，如果没有资金是否需要慢慢积累。

第三，当有人给你消极思想的时候，给你打击的时候，你是轻信别人，还是坚持自己的理想？

记住：任何时候都不要让别人说你"不行"，哪怕那个人是你的亲生父母。

不要否定自己，没有什么可以打败你，最怕的是你自己否定自己。

请记住，努力并不一定会成功，所以在你拼尽全力后，如果失败了，请

不要抱怨，不要责备上天不公。

你应该学会：承担痛苦，独立面对挫折。

你应该学会：沉着冷静，独立思考问题。

你应该学会：坦然面对，尽最大努力使自己变得豁达开朗。

时刻提醒自己：你的梦想是什么，为梦想而战。

做个无所畏惧的人，勇敢前行，风雨兼程。如果跌倒了，那就爬起来；又跌倒了，那就再爬起来，没有什么大不了。不要太在乎别人的看法，做真正的自己，把所谓的面子、虚荣……统统扔掉！

记住，你身后不只有你的影子，还有许许多多爱你的人，尤其是你的父母，他们永远与你同行。

所以，你并不孤独，让自己在爱的暖流中前行，追逐梦想，你会成功的。

痛苦不如吃苦，生气不如争气，只有让自己强大，别人才会看得起你，才会尊重你，但是首先要自己尊重自己，每一次挫折都是对自己能力的提升，经历的挫折越多你就会变得越强大。

我们最大的宽容，往往给了错误的事情

心理医生在接诊病人时发现：大部分抑郁症患者，都会被一种认知障碍所支配。如果这种认知障碍不改变，那么抑郁症患者就无法彻底摆脱抑郁。它会让抑郁症患者感到自己始终在沼泽里挣扎，无论怎么努力都走不出去。

这种认知模式，就是自我否定。抑郁症患者面对自己积极的情绪和行为

会自我否定，同时对自己消极的情绪和行为却非常宽容。

当他感到快乐时，他会这样否定："这样快乐是不对的，因为快乐是非常短暂的。"

当他感到希望时，他也会马上否定自己："别抱太大希望，不会有那么好的事情发生在你身上。你现在越是积极，以后就越是痛苦。不如冷静地接受现实。"

虽然不如抑郁症患者表现得那么强烈和明显，但是我们中的大多数人，都有这样的表现：我们苛刻对待自己的正面情绪和行为，宽容对待自己的负面情绪和行为。

我们最大的宽容，其实是给了错误的事情。

我们最大的宽容给了错误的事情

虽然我们也不喜欢负面的情绪和行为，但是我们却下意识地放纵自己，让自己的负面情绪无限增长。

如果我们忽然意外获得了一笔巨额资金，最合乎情理的反应是感到非常兴奋。但是当我们被负面情绪支配时，却会对这件事情采取否定的态度。

也许这笔奖金会让我们开心一会儿，短暂的快乐时光过去后，负面情绪却在悄然不觉中增长。

我们渐渐会想那些负面的事情，类似于：

"得到这些资金又有什么用？并不能解决我眼下的问题。"

"为什么金钱不能买到快乐？为什么金钱不能买到健康？最重要的是，金钱也不能买到幸福。所以金钱的价值是什么呢？"（可笑的是，在我们缺乏金钱的时候，我们最大的烦恼就是没有钱。而如果我们有了钱，我们又开

始问：金钱的价值是什么呢？）

"指不定这笔钱什么时候就会因为意外花光。"

我认识这么一个男孩。其实他除了家境不好，其他条件都还算优秀。他从名牌大学毕业，成绩出类拔萃，毕业后找到了一份不错的工作。但是他却整天愁眉不展。

不是忧心自己买不起房和车，就是担心父母没有医保。他是我见过心理负担最重的人。

后来他的症状越来越严重，当他出色地完成一项工作，获得同事和上司的赞扬时，他却仍然高兴不起来。

而我问他时，他是这么说的："虽然这看上去很不错，但是做成了这件事情又有什么用呢？对我糟糕的生活来说，这件事成功与否都无足轻重。"

有一个条件很好的女孩爱慕他，向他表白，却被他拒绝了。

他说："我没有特别突出的优点，就算接受了她的表白，这段感情也不会维持太久。她的条件比我好太多了。况且，没有经济基础的爱情，是不可能维持长久的，就像烟花一般，虽然绚烂但是用不了多久就会消失，所以为爱情投入太多实在是不值得。"

我说："可是你工作基础不错，你可以通过自己的努力来夯实经济基础啊。"

他说："没用。我再努力也拼不过那些富二代。"

当他拒绝女孩，女孩离开他时，他说："我早就知道自己是不可能获得幸福的。"

甚至在朋友聚会时，他也是闷闷不乐的，我问他为什么不快乐，他说："聚会总会结束，大家还会各奔东西，这有什么好快乐的。"

他的行为模式是：任何使他改变现有消极生活状态的行为，他都会否定。任何使他脱离内心抑郁状态的正面情绪，他都会拒绝。

被这种状态折磨的人不在少数。

比如说：当他想通过看书改变自己的生活习惯，但是看了不到 5 分钟就非常烦躁时，他就会想自己真是太没用，看书这种小事情都无法坚持，难怪自己总是无法走出心理沼泽。

当他想用跑步来调整自己的身体，但是只坚持了两天就因为某些突发事情中断时，他会说，自己运气实在是太差了，也太缺乏毅力，看来是没有办法改变了。

哪怕他坚持跑了很长一段时间，他同样也会认为自己还是没有一直坚持下去，自己总是一事无成。

也就是说，被抑郁情绪所控制的人会下意识地打击自己的成就感，同时不断地增强自己的挫败感。

所以，想要摆脱抑郁症的困扰，就必须改变自己的认知障碍。

我们可以将人的大脑看成一个系统，无论事情是正面的还是负面的，对受到抑郁情绪控制的人来说，都是负反馈；当抑郁者希望对自己做出改变时，他的头脑得到的反馈都是负面的挫败感，而当他放弃努力，就会受到抑郁带来的痛苦，这就陷入了一个恶性的循环当中。

换句话说，无论他们如何做，负面的情绪总是在不断地增长，总有一天，他们会被不断接收的负面情绪压垮。

你是固定型思维，还是成长型思维？

人的心理模式分为两种：一种是固定型思维模式，一种是成长型思维模式。

固定型思维模式的人则擅长给自己的失败找借口。他们更倾向于给自己负反馈。

成长型思维模式的人，在遇到问题时，善于从中发现可借鉴、可帮助自己成长的因素。因此，失败对成长型思维模式的人来说，只会给他们增添经验，而不会令他们气馁。无论成功还是失败，他们永远给予正反馈。

你是固定型思维，还是成长型思维？

从小我们就常常听到这样一句话：不要为失败寻找借口，只为成功寻找方法。

而固定型思维模式的人，就喜欢寻找借口，尤其是为一件事情寻找失败的借口。

当某件事失败时，他会将失败的原因归咎到自己身上，认为是自身的缺点导致了失败，这种归因加重了他的挫败感。如果一个人长期处于挫败感中，他原有的能力也会逐渐消失。

而当他获得成功时，他又会将原因归咎到周围环境或者运气上，认为自己的成功是因为运气好，或者是周围环境帮助自己取得的，下次可能就没有这么好的事情了，自己在这件事中没有起太大的作用。

总之，对固定型思维模式的人来说：成功只是偶然，而失败才是必然。

长此以往，他就会习惯自己的失败，习惯否定自己，不再会有积极的想法。固定型思维模式的人能够从自己身上获得的成就感通常是零。所以，错误的归因，只会使我们失去自信。当你想要指责自己时，首先考虑清楚，失败确实是因为你吗？还是你强加到自己身上的呢？

抑郁者习惯性地将失败的原因算到自己身上。

比如因为自己的抑郁症给周围人带来了伤害，他们会认为全部都是自己的原因造成的，这就是一种错误的归因。

即使不把原因归结到自己身上，他们也会找出种种理由来说明自己失败的原因。这些理由无一不是固有存在的。归因可以让他们找到借口：因为这种原因，我才失败的。

"因为……所以……"的心理模式，使他们能够心安理得地面对失败，然后不再努力。

我的心理医生朋友对我说，她接触的很多抑郁症患者都非常擅长归因，在做一件事失败之后，他们会将所有失败的原因都算到自己身上，认为所有的事情都是自己的错。自己一点儿用也没有，也毫无优点。哪怕有些失败其实和他完全没有关系，他们也会找到联系起来的方法。于是，抑郁者的挫败感和无助感不断地增加，就像是陷入沼泽当中一样，无论如何挣扎总是在不断下沉——你应该注意到了，这和习得性无助的症状几乎一样。

那么，成长型思维模式又是怎样的呢？

成长型思维模式的人碰到问题，不会立刻去寻找原因，他们只是单纯地想去解决。如果成功了，他们会觉得这是自己努力的结果，是对自己付出的嘉奖，绝对值得庆祝。

而失败时，他们也不会对此感到多么失望，他们不会为失败找借口，而更愿意挖掘失败的那些积极影响。因为他们认为问题出现是对自己的一个挑战，而失败至少指出了自己还有可以进步的地方，给自己以后指明了方向。

成长型思维模式的人往往能够从失败中找到积极的因素，帮助自己成长。

成长型思维模式的人就这样在不断的正反馈中成长。

显然，我们都想成为成长型思维模式的人。然而现实是，大多数人都是固定型思维，我们不但善于给自己的失败归因，还特别擅长负反馈。这也是我们做不出成绩的原因。

从固定型转换成成长型：能否挖掘成就感是关键

如何获得成长型思维模式?

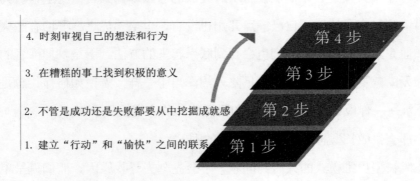

从固定型到成长型

第1步：建立"行动"和"愉快"之间的联系

所以，我们首先要做的就是改变自己的思维模式。

当我们有了积极的想法或者行为时，无论行动的结果怎么样，都要告诉自己：这是很好的，值得庆祝的。因为自己在做积极的事情。

如何庆祝呢？可以跟自己说几句鼓励的话，也可以出去吃一顿大餐，买一样自己喜欢的东西。总之，要在"行动"和"愉快"之间建立联系。

人类养成一种行为上的反馈其实是很容易的，关键是你如何增强这个反馈。

第 2 步：不管是成功还是失败，都要从中挖掘成就感

能否获得成就感，是区别固定型思维模式和成长型思维模式的关键。

拥有固定型思维模式的人无法获得成就感，在他们下意识地放纵自己的负面情绪的同时，挫败感也会不断增长。而成长型思维模式的人，无论是成功还是失败，他们都能够从中获得成就感，帮助自己成长。

所以，学会从自己的行动中获得成就感，是很关键的一环。

全世界有上亿对游戏上瘾的人，我曾经对这一现象感到惊奇，后来我发现，那些游戏的开发者都深谙心理学。

在你玩游戏的时候，游戏会不断地给予你正反馈，不断挖掘你的成就感，让你的挫败感降到最低。比如之前曾经很火的一款跑酷游戏，跑酷的路程没有终点，游戏过程就是不断地逃跑，直到死掉。不喜欢这种游戏的人可能会想：既然最终总是要死掉，为什么还要玩呢？

而玩游戏的人对于游戏结果并不在意，他们在意的是游戏过程。在这一过程当中，游戏会通过等级、金币、分数等数据来给予玩家成就感。而在日常生活中，许多事情给我们带来的是成就感还是挫败感，则完全是取决于我们自己的看法。

如何获取成就感？

学会从自己的行动中挖掘积极的一面。

当你想要改变自己固有的认知方式时，一开始可能会感觉非常困难。但这是因为你的成就感阈值过高，你认为必须要将从前的认知完全改变之后才能算是一种成就，于是当你没有做到时就会感到压力非常大，并且焦躁不安。

而我并不要求你立刻改变一切，你需要做的只是，从自己现在做的每件事情中发现自己积极的行为和想法，并对此进行奖励，主动去寻找自己值得被赞扬的地方。

比如说，一直以来你都想通过锻炼来塑形，只是迟迟没有行动。某天晚上你决定放弃看电视开始锻炼，就可以对自己说："你真棒！我就知道你是个对自己有要求的人。"

然后，无论自己锻炼了多久，哪怕只有 10 分钟，都可以告诉自己：今天你做得不错，锻炼总比坐在沙发上看电视强多了。

退一步讲，就算你只有健身的想法，却从未付出行动，你也不要想：有想法没行动是你的一贯作风，你就是什么也做不好。

而要这样想：虽然你还没有开始锻炼，但是有这样的想法也是值得赞扬的。接下来要是能够真的付出行动就更棒了！

当你看书时，哪怕只坚持看了一页，也可以告诉自己：今天毕竟学习到了一页书的知识，总比什么都不看要好。

当你学会自己寻找成就感时，你就会发现自己有许多事情值得肯定和赞扬。

简单来说，就是要学会发掘自己的成就感，远离挫败感。要记住一点：人在成就感当中才更容易前进。

第 3 步：在糟糕的事情上找到积极的意义

当你遇到糟糕的事情时，要学会从中找到积极的意义。

——莫名地被别人羞辱了？要告诉自己：你真棒，遇到这样的事情都能控制住自己的情绪，没有让愤怒操纵自己！这是一件值得高兴的事情。

——遇见挫折或者不开心的事情？告诉自己这是非常正常的，无需指责自己，告诉自己人人都有犯错的时候，可以从失败中吸取教训，下一次获得成功的几率就大了，而且自己得到了磨砺，同样是一件值得高兴的事情。

——深陷抑郁状态无法自拔？对抑郁症患者来说：即使一分钟以后抑郁将击垮自己，但至少自己曾经努力同抑郁症抗争过，这就是值得骄傲的成就，抑郁症虽然击败过自己好几次，但它不能抹杀自己的成就。

——很久以来，一直被负面情绪所控制？二十几年来自己没有被负面情绪击垮，还坚强地活着，这就是极大的成就，值得我们为之庆祝。

——自己做错事情，伤害到了父母？你还会产生愧疚感，这证明自己还有基本的良知，值得肯定。

——解决不了问题？自己一直在想办法解决，虽然问题一直没有得到解决，但你的努力值得肯定。

相信自己在变得更好，每时每刻都在进步。

当你学会从一件坏的事情中发现积极的一面时，你就成长了。

第 4 步：时刻审视自己的想法和行为

道理很多人都明白，但是真正做起来很难。

这意味着你必须时刻审视自己的行为和想法，确保自己的思维在正确的轨道上，没有发生变化。

一旦发现自己又在给失败归因，建立负反馈，就要及时停止这一行为。

也就是说，首先要学会自我表扬。就如我之前说的那样，拥有固定思维模式的人总是喜欢进行自我否定，不断地对自己的想法和行为进行否定，内心对自己是排斥的。

　　一个人如果连自己都不喜欢，那么他肯定也无法喜欢上生活。所以学会适当自我夸奖是非常必要的。当你成功时不要太过谦虚，赞美之词是你下次成功的基石；当你做错事的时候，对自己要适当的宽恕，不断地自责并不能帮助你成长。

　　"不断发掘自己的成就感，消除自己的挫败感。"这就是关键所在。

第五章

意识进化：
潜意识的成长是次方游戏

当我们习惯被消极的心理暗示影响，往往什么事都做不成，因为根本不敢去尝试。

想拥有别人承认的价值，希望得到真实的敬佩，你的内心世界一定要强大。

你唯一的压力，就是改变自己的压力。

潜意识的魔力

如果一个人的内心不够强大和成熟，很容易受消极暗示影响。

消极的暗示会使他们失去对自己和对生活的信心，不断自我否定，也不敢展示自己的能力。

在二战期间，曾有德国纳粹在战俘身上进行了残酷的关于暗示的实验。

战俘被紧紧绑住，眼睛也被蒙住，然后纳粹告诉战俘："我们要抽光你的血。"

然后用冰冷的器械放在他的手腕上，战俘先是感到一凉，冰冷的疼痛之后，就是滴答滴答的声音。

战俘完全被恐惧淹没了，那滴答的声音几乎使他魂飞魄散，每过一分钟他的绝望就加重一分。直到最后，战俘死去了。

事实上，他不是死于血液流光，而是死于恐惧。因为纳粹并没有真的抽他的血，一开始用的是冰块，后来则是普通的水的滴答声。就是这滴水之声把战俘吓死了，巨大的恐惧使他的肾上腺素急剧提升，最终导致心功能衰竭。

消极的心理暗示能够产生巨大的负面能量。当我们习惯被消极的心理暗示影响时，往往什么事都做不成，因为根本不敢去尝试。

"我做不到"——使你什么都做不成

去年我搬家到了新地方，换了新的网络运营商。不知道是什么原因，家里总是断网。

每次我都会打电话叫运营商派人来修。一方面网络出了问题我很着急，觉得为什么这个网老出问题，一定不是我的原因；一方面维修的师傅来得多了，他也不耐烦。

　　他屡次对我说："这个很简单的。你自己弄一下就好了，你听我说，你自己登录一下——"

　　我马上打断他："我做不好。真的，我一点儿也不懂这个。你还是过来吧。"

　　于是他就无奈地过来修。

　　直到有一次，网络又出问题了。我请他来修，他说："网络没有问题，只是路由器坏了，你买个路由器换一下吧。"

　　我说："你能帮我换吗？"

　　他很不耐烦地说："这不是我的职责范围。我就管网络，现在网线插在你的台式机上，你看看能连上网吗……能连上网，我就可以走了。"

　　我不情愿地看了看，果然能连上。于是我说："那好吧。您走吧。"

　　下午我出去买了新的路由器，然后等我老公回来安路由器——不要问我为什么自己不安，因为我从来没想过自己安，我想我是干不了这个的，"因为我一点儿也不懂。"

　　坏就坏在，我忽然想起来要把笔记本电脑里的一个文件传出去。

　　于是我打开笔记本，把网线从台式机上拔下来，插到笔记本电脑上，又连不上网了。

　　我不死心，又把网线插回台式机，发现也连不上网了。我看看电脑右下角的黄色三角形标志（显示网络有问题），想想要不我试试断开吧……结果连那个图标也不显示了。

　　我告诉自己：够了，我已经尝试够了。我还是叫那个师傅来吧。

我几乎是如释重负地（看看我是多么不愿意承担责任啊）打电话给运营商的师傅："师傅我家网络又出问题了。我从台式机上拔下来网线，然后插到笔记本电脑上，不能上网。然后我又把网线插回台式机，台式机也不能上网！所以您快过来帮我看看吧。"

师傅在电话那头愣了下说："你试着自己修吧。光插不行，你得拨号啊。"

我说："我找不到拨号的东西在哪儿。"

师傅说："就在你电脑的左上角，一个宽带连接。"

我不死心地看了看，果然有。我拨号了，但是还是连不上。我说："师傅，还是连不上，有错误代码。"于是我把错误代码念给他听。

师傅说："那是你把网卡禁用了……"

我说："那您过来帮我修一下吧。"

师傅在那边不耐烦地几乎是用嘲笑的口气说："你不行找修电脑的吧。这是最简单的事情了。"

我顿时感到了羞耻。被嘲笑和自己无能的双重羞耻。我道了谢就把电话挂了。

然后我静下来想了想，如果网卡被禁用，我得先恢复网卡……从哪儿来着，有点印象，我试了几个地方，终于从"我的电脑——资源管理器"里找到了网卡，然后恢复了它。

然后一拨号，果然网连上了。

我默默地想原来这么简单，那么我之前为什么那么固执地请别人来修呢？确实是很简单的事情啊。

于是又试着自己安路由器，看着说明书，一步步，最后路由器也安好了，家里 WiFi 也有了。

这件事使我受到很大的刺激。为什么我就这么固执地认为自己不行？对方是专业人士所以对方行？其实这确实是很简单的事情，我只要动动脑就能解决。但是我就固执地认为自己不行，所以索性不去尝试。

有太多事不是我做不到，而是我不够努力。

这里不讨论那个运营商的师傅是否够专业——实际上，我想他也烦透了，像我这样的小白客户实在太多。如果是每天解决专业的问题，他可能会更有成就感吧。

总是暗示自己不行，结果只会使你错过机遇

经理把菲菲叫到了办公室，说："下个月咱们部门的市场推广活动，你做个方案出来。"

菲菲担心自己做不好，立刻就说："这个我不行吧，我可能无法胜任，要不您安排张然去做？张然做过好几次市场推广策划了。"

经理冷冷一笑说："那我要你干吗呢？什么都不会，你是怎么得到这份工作的？"经理的不满和嘲讽，使菲菲觉得自己受了很大委屈（如果你常常觉得别人嘲讽你的能力，说明你真的要反思一下自己了）。

菲菲回到自己的座位上就生起了闷气：凭什么对我这种态度？你是经理了不起啊，经理就能不尊重人吗？

菲菲生了会儿气，然后看到张然被经理叫走了，经理对待张然和颜悦色的，和对待自己完全不同。

经理真是偏心啊，菲菲想，不过，要是我是张然，经理应该也会对我很好吧。

菲菲回想了一下，忽然发现：原来我进公司两年了，确实没有做出多少成绩啊。张然和我差不多同时进的公司，学历也差不多，我的大学排名还高点呢，为什么我反而不如张然呢？对了，一开始的时候，张然总是积极表现，他自己不擅长的也主动揽到身上。但是自己呢，总是怕做错，认为做个不出错的新人已经很好了。于是越来越畏缩，好几个很好的表现机会都错过了，甚至一个已经下定决心去做，也有把握做好的工作，也临阵脱逃了。直到大家都习惯了自己的无能，连自己也习惯了自己的无能。

现在，我在公司的地位，真是岌岌可危啊。菲菲忽然意识到这一点，感到非常懊悔。

如果你像菲菲一样缺乏自信，不求有功但求无过，总是给自己消极的暗示，那么很难相信你能做出什么成绩来。

总是消极地暗示自己不行，最后的结果就会使你像绕过障碍一样绕过所有的机遇。

在我的职业生涯中，我发现那些最出色的，往往不是学历最高、专业能力最强的，反而是那些非常自信、敢于拼杀的，因为他们不畏惧失败。

不畏惧失败，就意味着你有着比别人更多的机会。

而更多的自信，也常常帮助你获得更多的能力。

吸引力法则到底在吸引什么

试想一下，假如你要参加一个非常重要的工作面试，你的条件如下：

你的学历很低；

你毫无相关工作经验；

你之前甚至没有一个正式的工作；

这份工作对着装要求很高，但是你却不得不穿着你最破的、沾满了油漆的衣服去面试；

你的其他竞争对手都是西装革履、名牌大学毕业、具备相关经验的精英；

你的面试官几乎在看到你的同时就在心里给你投了反对票。

你该如何通过这场面试？

在电影《当幸福来敲门》中，男主角 Chris 经过千辛万苦终于争取到证券公司的面试机会，但是面试的当天他刚从拘留所出来，他看起来糟透了：不仅衣服破旧，上面还沾满了油漆。在被警察带走的时候，他正穿着这身衣服刷墙。

而金融证券公司对着装要求很高。本来他就有学历和资历上的劣势，面试通过可能性就很低，再加上他这狼狈的外表，大多数人到了这个地步可能就放弃了。

这是我非常喜欢的一个情节：

Chris 没有放弃，他先是进入房间问好，虽然他的样子吓坏了面试官，但是他仍然保持机智和冷静。

他坦诚又认真地说："我在外面思考了半个小时，我怎么能编出一个故事，来解释为什么我以这副模样出现在你们面前。我想编出一个故事，能够说明我身上具备那些你们需要的优点，类似于诚实、勤奋、团队精神……但是我没有想出来。我只能说出事实：因为我付不起违章停车的罚单，所以我被拘留了。我是一路从警察局跑过来的。"

面试官对他的观感略有好转，于是他们稍微聊了几句，关于 Chris 被抓进警察局之前在干什么，关于 Chris 是多么渴望进入这行以及他已经开始自学；

关于 Chris 平时是多么西装革履，也关于 Chris 不值一提的学习背景（高中是 12 人中的数学第一名，海军服役时也是 20 人的雷达班上的第一名，虽然这些和面试官的要求相差甚远）。

虽然交谈非常融洽，但是 Chris 的劣势还是太明显了。Chris 看到面试官拿着笔在本子上划来划去，完全没有被打动的意思。

Chris 举起双手认真地说："我可以说几句吗？我是这样的人：如果你问我问题，而我不知道答案，我就会坦诚地告诉你我不知道。但是我向你保证，我知道如何去寻找答案，而且我一定会找到答案。这样可以吗？"

这是 Chris 的再次努力，令人动容，但是还不够。

面试官问："Chris，假如你是我：有个家伙连衬衫都不穿就跑来面试，你会怎么想？假如我雇佣了这个人，你会怎么想？"

面试官其实在非常委婉地拒绝他。我之所以对这个细节印象深刻，因为在我的经历中：求学、创业、寻找合作和客户、每一次恳求，也常常遭到这样的拒绝：这种拒绝委婉，但是又非常明确。

每到这种时候，我都会告诉自己：你该放弃了。然后我都会表示理解，拿出我最后的风度来。

我从未想过，这种定局，也是可以扭转的。

Chris 想了想，非常认真地回答："这个人穿的裤子一定非常讲究。"

所有面试官都被他的机智、积极和坚定打动了。

他展现出了足够好的品质，很多人都不具备的品质：在逆境中仍然保持积极向上的努力，以及打趣自己的乐观态度。

后来，我每次遇到感觉做不到的事情时，都会问自己：还有别的办法吗？还能再努力一下吗？是不是还有一点儿希望呢？

我很希望，自己的乐观和向上能够取得像 Chris 一样的成功。

积极面对是最好的法则

在争取到这个面试机会前，Chris 已经付出了一般人难以想象的努力。他每天都拎着 40 磅的仪器，守在金融公司的门口，哪怕面试官并不理他，他也执著地跟随，哪怕需要硬挤上面试官坐的出租车。

我非常想成为 Chris 这样的人，你从他身上看不到自卑，也看不到自暴自弃，你只会看到他的勇气，他像个坚定的勇士一样，一直前进。

哪怕现实给他再大的打击，哪怕他并没有好的背景，他也不会因此而自卑。他永远在积极地争取，障碍对他来说，也只是需要克服的对象。

永远保持正向思考

有一位教育学家，他关于教育的理念与众不同，但当他拜访学校时，却没有哪所学校愿意接受他的理念，于是这位教育学家开始筹办自己的学校。他找到自己的朋友和亲戚，让他们帮助自己去募集资金。募集资金的工作非常不顺利，一段时间之后，他的一位朋友告诉他："放弃办学校的想法吧，我去拜访的人当中十个有九个都不愿意让我把话讲完，我们是不可能募集到足够资金的。"听了朋友的话，这位教育家并不沮丧，他从另一个角度分析了朋友的话。

他说："我们现在碰到的情况正如你所说的一样，十个人里有九个都不愿意听完我们的介绍，但是从另一方面看，这个情况说明十个人里就有一个人愿意听完我们的介绍，所以我们需要的就是拜访更多的人，这样我们就能获取更多的支持。"

如果我们能够像这个教育家一样，始终保持正向思考，我想，这个世界上能够难倒我们的事情，一定会少很多。

使人际关系变好的秘密

秘密 1：发自内心地关心别人，会让别人更喜欢你

我曾读到过关于罗斯福故事。

每一个见过罗斯福总统并有幸和他交谈的人，都会对他渊博的学识感到惊奇。有人曾经这样说过："无论是一个普通的牧童或骑士，还是政客或外交家，罗斯福都知道应该跟他说些什么。"这是为什么呢？答案很简单，因为在接见来访的客人之前罗斯福都会对对方加以研究，会在对方来到之前准备好那位客人喜好的话题，并且知道对方特别感兴趣的事。

罗斯福跟其他具有领袖才干的人一样，他知道：进入人们内心的最佳途径，就是对那人讲他知道得最多的事。

前任耶鲁大学文学院教授"费尔浦司"这样描述罗斯福："在我 8 岁的时候，某个周末的星期六，我去姑妈家度假。那天晚上有位中年人也去我姑妈家，他跟姑妈寒暄后，就注意到我。那时我对帆船有极大的兴趣，而那位客人谈到这个话题时，似乎也很感兴趣，我们谈得非常投机。

"他走后，我对姑妈说：'这人真好，他对帆船也极感兴趣。'

"姑妈告诉我：'那人是位律师，照说他对帆船不会有兴趣的。'

"我问：'可是他怎么一直说帆船的事呢？'

"姑妈对我说：'他是一位有修养的绅士，所以才找你感兴趣的话题，陪你谈论帆船。'"

即使是个小孩子，罗斯福也愿意去迎合他。说明他并非出于功利心（他能从这个小孩子身上得到什么？），而是自然而然的习惯。

那么罗斯福受人爱戴就是理所当然的事情了。

维也纳有一位非常著名的心理学家，他写过一本书，书名是《生活对你的意义》，那本书有一段话是这样的："一个不关心他人，对他人不感兴趣的人，这个人的生活必遭受重大的阻碍，同时他会给别人带来极大的损害和困扰。所有人类的失败，都是由于这些不关心他人的人发生的。"

询问他人，了解他人，对他人感兴趣，你会发现别人也会对你产生兴趣。这里有一个很好的切入点，就是在你和他人交流，或者与他人初次见面的时候，多多询问他人最在行的事情。事实上每个人都热衷谈论自己，尤其是自己的"当年勇"。

每个人都只关心自己，他们关心你一定也是因为你与他有关。人们不但对你我没有兴趣，对任何人都没有兴趣，他们无论早晨、中午、晚上，所关心的只是他们自己。

纽约电话公司曾做过这方面的调查，他们研究通电话时人们最常用到的是什么字，这个答案非常简单，那就是我们最常见的"我"字。这项调查的结果是，在五百次电话谈话中，人们加起来用了3990个"我"字。

你也是一样的，当你看到一张有你与他人的合影时，你先看的是谁？

因此，想要他人对你产生兴趣是很难的。但是你可以先关心他人，先对他人发生兴趣，这是你和他人成为朋友的最好方式。你已经知道人们对自己是多么看重，对自己的芝麻小事是多么关心，因此，你可以借由询问他最在行的事情，撬开他的话匣子。事实上，这无比简单。

从某种角度上讲，关爱别人其实就是在关爱自己。因为在你关爱对方的同时，对方也会通过其他方式关爱你。这会拉近你们之间的距离，有时还会让你们成为亲密的朋友。对此，戴尔·卡耐基曾说："如果一个人真的关心别人，那么他在两个月内所交到的朋友，要比一个总想让别人关心他的人在两年内交到的朋友还要多。"所以生活中不妨学会多关心人、多爱护人、多体贴人，只有这样，你做起事来才会事半功倍。

心理学家认为，人类这种高等动物从生命起源之初便蕴涵着情感细胞，在外界的某些因素刺激这些情感细胞后，人的内心深处会出现一种感激之情和行为上的"报答"现象。尤其是当你让对方感受到你是真的在关心他时，他内心深处的感情负债感就会加重。在这种负债感的驱使下，他会心甘情愿地帮助你做很多事情。

在人际交往中，学会关心人多一点儿，你的麻烦便会少一点儿。因为你的关心会让对方对你产生感谢、感激甚至感恩之情，所以以后当你有求于他时，即使他不喜欢或不愿意答应你的要求，最起码也不会成为你的绊脚石，有时甚至会对你网开一面。

从相对论的角度讲，关心别人就是关心自己，因为只有你关心别人了，在你需要帮助的时候别人才会关心你，回报你。这种因为关心的互惠性产生的巨大影响，不仅体现在名人身上，日常生活中也随处可见。

从心理学的角度来看，人际关系是很复杂的，当你平时的关心、鼓励日渐汇聚在他人身上时，于对方而言，他的内心会产生一种不可言表的亏欠感，所以他会试图通过各种办法回报你。

如果碰上一个能够回报你的机会，他们往往会毫不犹豫地行动。生活中的很多事情都是如此。当别人感觉到亏欠你并真心诚意地想帮助你、支持你时，你想推都推不掉；当你与对方没什么交情，而你又想向对方索取他也想要的东西时，对方几乎不会将他喜欢的东西拱手相让。即使你付出再多的物质或者金钱，也未必能如愿以偿。

秘密2：在不影响原则的基础上，不要太计较利益得失

人们常常因为投契与人交好，又因为利益与人交恶。有很多原本很好的朋友，或者事业上的合作伙伴，因为不愿意吃亏，凡事计较而反目成仇了，这不仅使双方都很不开心，失去了友谊和结盟，而且实际上也没得到多少好处。原本是相互和睦地走到一起，结果因为一点小利益起了争执而分手，实在是太得不偿失了。

　　如果一个人总是占别人的便宜，不愿意吃亏，不仅不利于个人发展，也容易把自己弄得很狼狈。从长远发展来看，这种心态其实是吃亏的。当一个人把便宜占尽的时候，就会觉得再没便宜可占，这时候他就会觉得自己总在吃亏，心中会积存不满和愤怒——人都是贪得无厌的。这对自己也会是很大的伤害——时常地放手和给予，学会吃亏，你将获得内心的强大。

　　只有学会放手，学会给予他人甜头，才会慢慢变得豁达，人们才会更愿意和你交往——喜欢占朋友便宜的人绝不会有什么大出息，因为他的眼睛只看得到小利益。

　　秘密3：你如何对待别人，别人就如何对待你

　　有一条重要的定律是：你希望他人如何对待你，你就如何对待他人。如果你希望他人对你慷慨，你首先要对他慷慨；如果你希望得到他人的友谊，你首先要给予他人友谊。你先伸出手去，难道还愁没有人来回应你吗？

　　如果事事怀抱目的，心态就会变得激烈，因此当你给予他人帮助的时候，也要注意这一点：不要事事想着回报，当你给他人帮助的时候，不妨让自己变得豁达大度些——不要在乎后果，至少你有了一个强大的心态。想要别人承认你的价值，那么你的内心一定要强大，你要有一种自重感。如果你希望得到真实的敬佩，就要真实的强大。

　　这要从学会吃亏，学会不带目的地帮助他人开始。从现在开始，磨炼一颗坚强的不计较的心。

得到他人欢心的方式就是温和对待他人，除了和颜悦色，还有真诚称赞他人，永远关注他人的优点，不要吝啬去夸奖对方。要做到平易近人：这个词用得太多了，人们反而不去关注它的意思。不如我们来重新理解一下这个词。

平：放平你自己，把你和他人放在同一个地位上。不要居高临下地看待他人。

易：使自己易于相处，宽容对待他人。

近人：多多亲近他人，主动亲近他人。

做到这三点，所有人都会喜欢你。

秘密 4：绝不评判别人

这里所说的评判指的并不是自我判断力，而是评判他人。

我们总是喜欢去观察别人，观察别人的生活，然后对别人做出评价：A 是一个愚蠢的家伙，B 非常软弱，C 虚荣心高于一切……

也许你对这些人的评价是正确的，可是然后呢？

A 可能不聪明，但是他非常真诚，周围的人都喜欢和他共事；B 非常软弱，但是他的女朋友被他的体贴所感动，马上就要结婚了；C 的虚荣心非常强是因为他小时候受到周围人的歧视……

你了解这些人背后的故事吗？你又剖析过自己吗？

通过日常生活中的表现就对他人下定论，这是很莽撞的，很多时候你其实根本不了解一个人，你做的判断只是基于日常生活做出的，结论武断而肤浅。

其次，假设你对别人的判断是正确的，那又能改变什么？无论你判断得如何准确，别人依旧按照既定的路线，走自己的路，做自己的事，沉浸在自己的世界中，不会有任何变化。

在你仔细观察别人，给他人下定论的同时，你是否意识到其实自己也在其他人的视线当中，你周围的人也在观察着你？

观察你的人也会觉得你非常可笑。或者说我们每一个人都有可笑的地方。但同时，我们每个人也都有高尚、可爱，或者卑鄙、可憎的一面。

既然这样，那就没有必要太过关心其他人的生活，各自过各自的生活。如果无法接受他人的性格与行为，那么可以选择远离。

道理虽然是这样，但是实际做起来总是比说出来要困难。

大部分人都懂这些道理，但同时依旧在试图给他人下结论，包括现在在这里写文章的我，也是如此，同样非常好笑。

不过能够明白这个道理，我自己就会感到很快乐。

秘密5：利益交换才是人际关系的核心

如何取得良好的人际关系？利益交换是非常重要的。

贫穷的人手中掌握的资源有限，能够用做利益交换的资源不多，所以想要扩展自己的人际关系圈，就需要具备一些别人会用到的技能或者知识，通过这些来扩展自己的人际关系圈。大部分人际关系都需要利益交换才能形成，这种利益交换范围很广，从最简单的帮忙搬家到公司上市融资，无一不是如此。

当然，这并不是说没有利益交换的人际关系是没有意义的，这种人际关系同样有意义，只是关系的形式不同。

情商在现在社会越来越重要。情商指的是对自己和他人的情绪与理解掌控的能力。控制自己的情绪并不容易，这需要经过大量的练习，再加上适当的方法才能做到。而想要掌控他人的情绪，就需要学会从他人的角度来看待问题。那么，如何做才能学会从他人的角度来看待问题呢？多和别人沟通，聊一聊对各种事情的看法，以及产生这种看法的原因，了解得多了，明白了他人的思维方式，很多问题自然就能够从他人的角度来看待了。

永远不要心灰意冷：你不知道未来有什么在等你

旧友 M 曾经是我的合作伙伴，我们在若干年的生意往来中逐渐形成了介于知己和朋友之间的关系。

M28 岁时毅然从法院辞职进入商海，这些年独自在外打拼。事业有成的她，是我们朋友圈中常常被羡慕的对象。

如今她已年届不惑，我知道，没有结过婚，也没有自己的孩子，一直是 M 心中最大的遗憾。

28 岁的时候，M 刚刚从法院辞职，她的行为被很多人认为是疯狂之举。当时和 M 已经谈婚论嫁的男友极力反对她离开法院，男友的父母威胁说要是 M 辞职就让他和 M 分手，结果 M 先决定分手。

那时 M 想的是：既然未来的方向不一样，那么谁也别耽误谁。

到了 30 岁，M 还有很多人追求，那正是 M 的事业上升期，虽然 M 一直向往有一个家庭，有一个孩子，但是这种向往还是给事业让位了。

每天忙得脚不沾地的 M 想：再等等吧，孩子什么时候生都来得及。

就在这等待中，几个忠实的追求者都转娶别人。

到了 36 岁，M 在一次画展上认识了 K，对方是 35 岁的大学教授，看起来斯文有气质。本以为 K 会是自己的如意郎君。M 想：虽迟未晚，现在还来得及。

两个人都要步入婚姻了，但是 M 的未婚夫出轨了。出轨的对象是他自己的女研究生，那个女孩才 25 岁，她对 M 说：让老师自己决定来选谁好吗？

M 有心争一争，又觉得争来的爱情不是真的。

M 经过几夜的挣扎，终于决定再次放手。

36 岁之后的 M 颇为心灰意冷，直到 40 岁再也没有遇到"合适"的人。M40 岁生日那天，是我和她一起度过的。

我们在全市最好的酒店订了一个最好的位子，就着红酒我们诉说着这些年的想法和感悟。望着脚下的车水马龙，万家灯火，M 对我说："我这辈子最大的遗憾，就是没有自己的孩子。婚姻从来不是我人生中最重要的事情，但是我真的非常想要一个自己的孩子。陪伴孩子长大是我能想象的最幸福的事。如果可以，我很愿意拿我的全部事业去换。但是我想现在来不及了……"

这些年我见识过 M 的人前显贵，也见识过 M 的人后落寞，而如此消沉的 M 我还是第一次见到。我不知道如何安慰 M。

因为 M 我是个"聪明人"，聪明人不需要安慰，她们什么道理都懂。聪明人不快乐，有时也是因为太聪明了。

M 说："算了，我已经放弃了。做个孤独的女强人也没什么不好，至少听起来很拉风。"

如果故事只到这里，毫无疑问这是个悲伤的故事。

值得庆幸的是，在 M 独自旅行的时候，在天津开往釜山的游轮上，遇到了她的真命天子。

两个人一拍即合，下了游轮便确定了"严肃的恋爱关系"。几个月后结婚，一年后，M终于有了属于她的宝宝。

当我去探望M的时候，M抱着宝宝对我说："我从未后悔这些年始终坚持自己的意愿，尽管在很多人眼中我是任性行事。我只后悔在36岁以后以为自己不会步入婚姻而产生的伤心失望。我很想回到过去告诉自己，不要伤心。你不知道未来有什么在等你。"

这是一个关于"你不知道未来有什么在等你"的故事。

M毫无疑问是幸运的，不是所有故事都能有这样的happy ending。

除了你自己，没有人可以给予你快乐

每个人都想知道怎样才能快乐，每个人都在寻求快乐，事实上这无异于缘木求鱼——快乐是一种内心的感受，它来源于你的内心，它是任何人无法给予，也无法剥夺的内心情绪——只要你想快乐，你就能够快乐，它就藏在你的心里。

总是不快乐怎么办？要强迫自己快乐

不要顺其自然等待快乐来找你，要强迫自己快乐。如果你是独自一人，就自己逗自己笑，吹吹口哨，唱唱歌，尽量让你自己高兴起来——就好像你真的很快乐一样。你以为行动应该追随你的感受，事实上你的行动也可以带领你的感受。强迫自己高兴起来，也许真的管用。

永远不要被孤独打倒

在前行的道路上，我们很容易会感到孤独。尤其现在很多年轻人，从自己的家乡到大城市求学、就业。陌生的环境、陌生的人，远在千里之外的父母和朋友，都会让你感到孤独。

偶尔感到孤独是正常的。但是不要沉浸在这种情绪中。孤独像雾气，它会使你前进的路变得暗淡。

我的学生众多，虽然我的工作很忙，但是我也会尽力去观察和了解他们。其中有个女孩，引起了我的注意，因为她总是显得格外落寞。别人聚在一起学习和实践时，她一个人却站在一边。我看得出她很想融入，但是却不知道如何融入。

后来我了解到，这个女孩19岁，没有考上大学，独自来到深圳，机缘巧合进入我的学校学习。才19岁，一个人，确实是很艰难的。我想随着时间的推移这种情况会好转。

于是在我的课堂上，我会额外关照她。但是几个月过去了，这个女孩仍然独来独往。

某天晚上，大家都在自习的时候，我把她叫出来一起散步。我们拉着家常走走停停，在说到她很想家的时候，我问："为什么你总是独来独往？"

她说："我来到这儿，陌生的城市、陌生的环境，虽然老师的关心让我觉得很温暖。但是大多数时间里，我总感觉到非常孤独。我虽然很想交朋友，但我觉得我太孤独了。"

我没有安慰她，而是说了前几天发生的一件事："前几天咱们学校的一个班毕业了。我也去聚会现场看了一下，以前我都是参加女生的毕业前聚会，女孩子们在离别时都哭得一塌糊涂。这次参加男生的毕业前聚会，让我很感慨。他们离别前还是照样唱歌、讲笑话，我感觉好欣慰。后来我看到我们的张华珍老师实在忍不住掉眼泪了，而我旁边的一个男孩没有哭，我问他：'你怎么不哭？'他说：'我觉得我一个男的，在别人面前哭有点丢人，所以一直忍着。'我说：'对，你们是纯爷们儿，不能像女人一样，男儿有泪不轻弹嘛。'"

　　她听得很认真，然后我继续说："我印象最深刻的，是送中级班的一个学生去罗湖火车站。在那个学生进站的瞬间，我的眼睛就湿了，那个学生对我说：'蒋校长，谢谢你。我永远记得你。不仅因为你教会了我很多东西。最重要的是，在学校的这段时光，是我长这么大最快乐的时光。我交到了这些好同学，好朋友。'然后这个学生一直说：'你们走吧，我看着你们离开。'但是所有送他的同学都没有走，他们默默地站在那里等着他上车。同学们也看出了他舍不得离开，其中一个就说：'哥们儿，要不咱们回去吧，再多待几天。'一个女孩子当场就哭了，说：'也许这次离别就一辈子看不到了，因为大家都是来自全国各地的，相见无期。'这个女孩说完之后，所有的男生都忍不住掉下了眼泪。我以为男生在离别的时候是不哭的，现在我知道了，其实男生也是有感情的，也会哭。世上有两种感情是最真的，第一是生死相交的战友情，第二就是同学情。"

　　我停了停，然后继续说："我们回来的路上，一个学生说，后悔去送他了，以为自己很坚强，孩子都那么大了怎么还会哭呢，早知道离别的场面是这样就该让别人去送他。其他的学生也都说：'我走的时候，大家不要送我，送我进电梯就好了，我怕舍不得走，让我一个人走也许会坚强一点儿。'"

　　我看到她的眼泪出来了，我指着远处灯火辉煌的大楼对她说："你觉得自己很孤独吗？一个人在异乡吗？在深圳这个地方，我们都是异乡客，你看到的路上的人，80%都是异乡客。他们的故乡都在几百公里甚至上千公里之外。他们背井离乡来到了深圳，和你是一样的，都是为了能飞得更高。你并不是一个人。"

　　她有所触动，我接着说："咱们学校里，有许多人是从很远的地方来的，也许在学校，你们结成小伙伴，有了朋友和同学。但是从这里毕业后，很多孩子又去了更远的地方，小伙伴们又会天各一方。但是这些是孤独吗？也是，也不是。这些都是必须要付出的代价，这些都是为了让你飞得更高，让你的生命更精彩。你看，我不也是异乡人么？我的故乡离这里也很远。你并不是一个人在孤独啊。"

这个女孩的神情彻底变了，她脸上笼罩数月的阴郁的表情逐渐退去。对啊，当我们感觉到自己在孤独地受苦时，往往会感觉格外痛苦。

而当我们发现，自己并不是一个人，自己经历的事情也绝非一个人的经历，世界上有千千万万个人和自己经历着一样的经历，感受着一样的感受，那一刻，我们就会被治愈。

你唯一的压力，就是改变自己的压力

很多年轻人都对投资感兴趣。而这些年的经历告诉我：投资什么，都不如投资自己的魄力和勇气。年轻人最大的资本，就是有机会试错，如果在年轻时就瞻前顾后，这辈子可能出息不大。

你想做什么，只要想好了，就去做。太多的犹豫和思考，只是浪费时间。

对于改变自己这件事，我在网上看到过一句话："你唯一的压力，就是改变自己的压力。"

回想我自己的经历也正是如此。

在我20出头的时候，本来也是打算找个工作上班的。但是创业的理想一直在我的心头，直到有一天，我突然停止瞻前顾后：

找个工作上班，我的一生就这样了！

我为什么不能做我想做的事情？

为什么我就不能创业呢？如果我现在不迈出这一步，也许以后我就再也不敢了。

在我下决定的那一刻，我感到非常轻松。即使后来三度创业，前两次都不算成功，第三次也历尽艰难，但我也从未后悔过。因为这是我内心的选择。

我压力最大的时候，永远在下决定之前。

从未开始过，怎么能说晚？

我小时候家里并不富裕，做饭这件事一直是母亲承担的。我直到 29 岁，才学会自己做饭。在那之前，我顶多蒸个米饭、煮个泡面，炒菜根本不会。

及至长大，吃食堂。总之，我安于自己不会做饭这件事。

有一天，我的一位女友请我去她家做客。我 11 点到了她家，她已经准备好所有食材，肉在锅上，已经有八分火候；水果在盆里，只差淋沙拉酱；虾白灼一下就可以蘸汁吃，还有两个炒菜和已经煲了两个小时的靓汤。

所以从我进门开始算，20 分钟工夫，所有的菜都上桌了。我一边吃，一边啧啧惊叹，内心涌起了羡慕的情愫。

我说："真羡慕你，你好能干。我要是像你一样，现在也不至于经常吃泡面。"

我的女友平日是个温柔谦和的人，但是听到我的话，第一次露出了不屑的情绪："你只是没有尝试过。我从十几岁开始学做饭，真正上手很快的啊。"

我讪讪点头："小时候没学，现在学有点晚了。"

朋友摇摇头："从来没试过，又怎么能说晚？"

然后我们就开始说别的，说工作，说生活，说烦恼。

在度过了愉快的一下午后，我独自回家。走在路上，心里却越来越不平静，我渐渐意识到朋友说的可能是对的。

从来没试过，又怎么能说晚？

朋友的话虽然简单，但却意味深长。我意识到：虽然不会做饭这件事给我带来了不少麻烦，也让我觉得遗憾，但是我却如此心安理得，从未想过改变。

回家以后，我第一次下单买了一本图文并茂的菜谱。从切菜、煮汤开始学，一开始只做点儿清炒菜心、西红柿炒鸡蛋之类简单的菜，不过我发现只要掌握了火候和盐的计量，很难做得难吃。第一次做西红柿炒鸡蛋的时候，虽然鸡蛋有点煳，但是比外卖新鲜美味，我一边吃一边赞美自己：你真有天赋！

从"不会做饭"到"有天赋"，我也只是迈出了第一步。

在学会炒简单的菜之后，我又开始进阶，迈向土豆炖牛腩、红烧肉之类的硬菜。

现在我对这些菜肴，简直信手拈来。

我现在才明白，很多事不是你做不好，也不是太晚了，而是你压根儿没有开始做过。万事开头难，创业、工作、学习、做菜、修理器械，无一不是如此。

虽然学会这些能够给我满足感，但是满足感却是需要付出努力来获得的，而我之前却不想付出努力。

很多人都和我一样，简单地给自己下定义：我做不了；太晚了。

然后就心安理得地不去付出时间和精力。就算把时间花在肥皂剧或无意义的社交上，也不愿意花时间解决一个简单的问题。

现在开始，给予那些你从未开始过的事情一点儿时间。

现在已经晚了？不不，你从未开始过，怎么能说晚？

厚积薄发，才是硬道理

"蒋校长，工作真的太难了！"林飞兰对我说。

林飞兰是 2014 年从妮薇雅毕业的学员之一，她毕业以后，几次求职都碰壁。

于是她找到我，希望得到我的帮助。

我有点惊讶："不应该啊，我们的学员走出去，都是很好就业的。"

她说："是啊，我应聘的时候跟老板说了，我是美容美发专业学校出来的优秀毕业生，技术非常好的。但是找了好久才找到一家愿意用我的大理发店。但是工作的时候，老板却不让我做发型师，只让我做助理，而且同事们对我态度也不好，常常讽刺我是正规院校出来的高材生，他们比不了。"

我说："刚开始你可以说是毫无优势，因为没有发型师的实践经验。同样，也可以说你是优秀人才，因为妮薇雅不仅仅教了你怎么做发型。现在的大店基本都有技术一流的发型师。你初出茅庐便强调自己的专业，这样其他同事会对你心存芥蒂，在工作上就会刁难你。甚至老板也会觉得你过于争强好胜，对你有疑虑。你可以先从助理做起，不要看不起助理这个职位，它可以让你迅速地了解店铺的经营状况、客户群体以及运营流程。把店了解透彻，和同事搞好关系了，再展现你的专业实力，先处理好职场关系，再厚积薄发就是这个道理。"

她听了我的话以后，再去美发店应聘时就没有过多强调她的专业学习经历，只是应聘了一个助理的职位，这当然是势在必得的。

助理的职业生涯开始了，她一边游刃有余地做着助理的事情，一边用心地观察店铺的每一个地方。尽管某些时候她会觉得别的发型师的技巧不如自己，但她依然坚持认真做自己助理的工作。每次店里的发型师讨论专业技能的时候，她总是在一旁安静地听。

是金子总会发光的，而问题在于什么时候才能被人发现，关键就是要善于抓住机会。

直到有一天，店里的师傅出差学习去了。店里来了一个客户，拿着一本杂志，指着杂志上的女星说："我想剪这个发型。"

当时客户拿的是一本时装杂志，那些模特的发型本来就是为了贴合设计感而做的，也只是拍一下照就完事，后期还会有修饰、吹风、定型，现实中仅仅靠剪发是做不出来的。

看到这个发型，当值的发型师连忙摇头，说不会剪。

顾客很不高兴："你们店这么大，怎么不会剪这种发型？"当值的发型师是年轻人，不知道怎么处理，所以只能呆呆地站在那里。

她赶忙打圆场："小姐你选的这个发型确实是最新款式，你真有眼光。让我试试吧，我会剪。"

说起来她也真是有勇气，那个发型其实就是变相的波波头，下侧加的波浪卷。

她当然不会剪，单独的波波头和各种波浪卷她都会，但要组合在一起，并且要做得好看，她可不会了。但是机会来了，只能试试。

她细心观察客人的脸型和衣着，客人脸型较胖，而波波头会更显得脸大。怎样才能达到最佳效果呢？

对了，波波头可以做长一些，波浪就放在齐肩的位置，这样既符合客户的要求，又可以让客人的脸显得比较瘦。

最后发型做好了，客人照着镜子自言自语："你做得和杂志上好像不太一样，不过还是挺好看的。你叫什么名字？"

她说了自己的名字——林飞兰，她心里很高兴，这是第一次被认同。

第二次客户再来，直接就说："我找林飞兰给我做头发。"

当时老板恰好也在，很疑惑："林飞兰是本店的助理啊，怎么你要让她给你做头发？"

客户对老板讲了那天的事，老板开始对林飞兰刮目相看。这一次客户的要求和上次一样刁钻，但是她又出色地完成了任务。

老板惊讶的同时，提拔她做了发型师。

在成长的路上，我们需要的就是这一点儿耐心，操之过急是不行的。

在未来到来之前，你应该学会什么？

你永远不知道未来有什么在等你。不过，未来有很大程度上，是由你的双手创造的。你的种种选择和行动，都会在未来发挥出作用。

在未来到来前，我想和你们分享一些东西，是我们学校老师的语录。

在我的学校里，有一位陶老师非常受学生们爱戴。大家赞美陶老师"德艺双馨"，在教给学生知识的同时，也教给了学生很多做人的道理。后来一个学生毕业之前，整理了一份《陶老师语录》，我看了也觉得很受启发，放在这里，和大家分享。

1.关于简单和复杂：简单的事情不要复杂化，复杂的事情简单做。凡事不要想得太复杂，将来的事情将来做，现在的事情现在做，简单的事情反复做。

2.关于放纵：对自己不要太放纵，越放纵就越容易迷失自己。失去了方向，你就会一事无成。

3.关于认可：当别人不认可你的时候，说明你还有不足之处，需要去改变并且完善，提高自己的知识水平，锻炼自己的语言组织能力以及表达能力，不断提高自己的含金量。当别人认可你的时候，你提出的意见或建议就会被人采纳，这就是好事，说明你成长了、进步了，更说明你能力提升了。

4.关于严谨：在学习中，更重要的是在工作中，必须要百分百达到标准，绝对不能有模棱两可的答案。"像""好像""大概""也许""差不多""可能"，这样的词语绝对不允许出现在你们的脑海里，因为标准只有一个。如果每次都差不多，最后就会差很多。我们做事的时候，要么不做，要么尽自己最大的努力做到最好。敷衍了事，不如不做。

5.关于选择：人生有很多选择，但是一旦选择了就必须坚持下去。不管多苦多累，一定要披荆斩棘，勇往直前。昨天你们放弃了曾经选择的那个行业，今天又放弃了这个行业的话，就会形成恶性循环，你永远是在选择又总是在放弃。既然选择了，就要坚定自己的信念，努力走好自己选择的这条路，哪怕是跪着也要继续走下去。 最重要的，是要学会处变不惊。冷静，沉着，用最平常的心态去面对，而不要冲动地去抉择，这样无论什么事情都能做到临危不乱，困难也会迎刃而解。

6.关于沟通：做事之前，沟通是最重要的。你如果不能清晰地理解别人的话语，你所执行的任务就有错误的可能；你如果不能清楚地表达你的意愿，更可能会出现错误。

7.关于目标：做任何事情都必须确立目标，并且要有计划地完成。严格约束自己，若对自己放纵，就会越发放纵自己，最后连自己该做什么都不知道了。这样的话，你浪费的不仅仅是时间、金钱，还有青春，甚至生命。你们来到学校的目的是求学，目标是将来创造更好的生活，所以你们一定不要忘记自己的选择，更不要忘记自己的目标与追求。

8.关于责任：人的一生不可能只为自己而活，还有家人与朋友。比如说，我的家人身体健康，我的小孩学习成绩好，我的朋友时刻惦记我关心着我，我才会快乐。这样，我就有一份责任。我要提高自己的技能，储备自己的能量，为家人营造一份温馨的家庭氛围，为小孩创造一个良好的学习生活环境，与朋友分享我的喜怒哀乐，这就是我的责任。你们也一样，都有属于自己的责任，你们该怎么做呢？

9. 关于老师和学生：当我还关注你时，才会留意你的表现。当你做错的时候，我对你吵也好骂也罢，说明我还关心你，不想放弃你，因为我希望你成长。当我放弃你时，你的好与坏、成与败都不会太牵动我的心弦。

10. 关于野心：有野心是很正常的，每个人都应该有野心，也必须有野心，做事才会有动力，相反，没有野心的人是绝对不会成功的。

11. 关于心态：一个人必须要有一个良好的心态。心态决定性格，性格决定命运，所以你的心态决定了你的命运。做事之前，永远不要说自己做不到，因为你还没有去做，怎么知道做不到呢？只要你有决心、有毅力，并且能持之以恒，就一定能做到。世上无难事，只怕有心人。做事之前，也不要吹嘘自己能做得多好，因为你不可能预知未来，不知道结果是什么样。别人看重的是结果，而不是嘴巴虚构的完美结局。一个聪明的企业老板，看重员工的绝对是心态。员工的行动与能力挂钩，能力有限还可以再培训、再锻炼，但是心态不好的话，是培养不出来的。

12. 关于现实：社会是现实的，爱情也需要面包，而面包又必须用钱才能换回来。若没有物质基础，解决不了温饱，整天为油盐酱醋吵吵闹闹，再相爱的人，再深的感情慢慢地也会淡了、散了。所以，你们现在一定要努力学习，有了能力，才会有经济基础（面包），也才可能迎来并且固守爱情。

13. 关于行动：我们不仅要言，而且还要行。只有你说出来并且做出来时，才能认识到自己的不足，才能明白哪些需要改善。若是只说不做，永远不知道做的结果是什么。所以，你们平时一定要多练习，哪怕是最简单的技术，也必须要多练习，熟能生巧。

14. 关于平台：你选择的高度决定了你发展的深度，你选择的平台跟你的未来有密切的关系。若是你今天选择了一家不规范的企业，你会受其影响，你的技能以及管理能力提升的空间有限，你未来的发展也会有限；若是你今天选择了一家管理规范、技术一流的企业，你会清楚地认识到自己的不足，技能与管理能力等综合水平提升的空间会很大，对你未来的发展也会有很大帮助，你达到的高度也就会更高。所以，你们今天选择什么样的平台，非常重要。

第六章

告别悲伤：
和自己的"痛苦之身"聊聊天

　　"痛苦之身"是每个人内心痛苦的根源，是藏在每个人
内心的隐蔽的枷锁——你察觉不到它的存在，但是它实实在
在地束缚着你，给你带来痛苦。

痛苦之身：你内心的隐蔽枷锁

一天，我接到了好朋友 A 的电话。她在电话那头放声痛哭，却不说原因。

我决定去见见她。于是在这天傍晚，我到了她家楼下的咖啡厅。

A 今年 29 岁，很漂亮，但是这时的她看起来非常憔悴。点了一杯咖啡后，她开始对我倾诉她的婚姻生活。我一直认为她丈夫 B 是个非常和蔼、文静、认真负责的人，两个人结婚 3 年，看起来是所有朋友中最幸福的一对。

但是她却对我说，其实她感到非常痛苦，因为她觉得她并不了解自己的丈夫，甚至她觉得他有时非常陌生。

事情是这样的：A 和 B 还没有生育，两个人领养了一只流浪狗，这只狗的身体非常弱，常常生病，两个人都对它很好。

昨天晚上，B 在喂小狗罐头的时候，小狗兴奋地扑过来抓伤了 B。B 很生气，追着小狗打。

A 大喊："算了吧！跟只狗较什么劲！"

因为小狗两个月前从楼梯上摔下来骨折过，A 非常担心丈夫追得太紧，会使狗再次受伤。

但是 B 不听，所以 A 扑过去拦住他，推了他一把。

B 大怒："我还不如一只狗是吗？我在你眼里还不如一只狗！"

然后两个人开始争吵。

我听到这里觉得没什么，只是 B 敏感了些。

但是 A 接下来说的话让我惊呆了：

后来两个人吵得太厉害了，B 急了，拿出剪刀指着自己的嘴巴说："我把舌头剪掉，我不再说话了！'你们'是不是就乐意了？'你们'想看的是这个吗？"

这种过激行为把 A 吓坏了。

但是 A 继续说："这只是我们生活中非常常见的一次争吵，其实我们隔三差五就会为了鸡毛蒜皮的事情争吵。他的内心非常脆弱，也很容易被激怒。但是他显示出来的方式特别奇怪，他会大喊大叫，他常常用的词是'你们'。"

"你们？"我听到这里感到很奇怪。

"对。他说的是'你们'。每次吵得特别激烈的时候，他就会用'你们'指代'你'。他常常说的是：我知道'你们'都瞧不起我！当他怀疑我背着他做什么的时候，他也会说：'你们'偷偷摸摸干什么了？"

呵，我继续问："那什么时候最容易出现这种情况呢？"

A 想了想，说："有次我们刚刚搬了新家，没有钱买太好的家具家电，于是我和他商量好，先装修买家具，家电可以一样样地买。但是房子装修好没两天，他妈妈就派人把电视送到了家里，是他妈妈已经付款的 60 寸的索尼电视。我很高兴，但是他非常不高兴。我劝他接受他妈妈的好意，但是他却生气了，对我说：你要你要！你带着电视一起找我妈去过日子吧！"

我说："为什么他这么生气？"

A 说："可能是觉得妈妈对自己太好了，心感愧疚？但是并不像啊，他的反应不像愧疚，更像愤怒。我也不明白他的心理，如果是我的妈妈给我买电视，我会非常高兴地接受的。"

我若有所思地点点头，问："那他爸爸和他关系如何呢？"

A 说："还可以。但是他家主要是他妈妈做主，他爸爸不管事情。从小到大，他的一切都是他妈妈包办的，但是他和他妈妈的关系并不好。每次从他父母家出来的时候，他都闷闷不乐。另外，他和他妈妈起冲突后，很爱发脾气。虽然他已经 32 岁了，但是还常常会和他妈妈起冲突。"

我对 A 说："你可以回去耐心观察下他的行为，观察他什么时候会非常抑郁。还有去查查他小时候的事情，可以和他聊天，或者和他妈妈、他姐姐、他的朋友聊天，聊聊他小时候的事情。注意，当他谈到他妈妈的时候，你可以引导他多说一点儿，比如小时候他和妈妈相处得如何，还有他妈妈对他的看法是什么样的。如果你们再吵架，你要保持冷静，其实这并不是个简单的问题，他有很严重的心理问题，你需要帮助他解决这个问题。"

A 答应了。

痛苦之身是每个人内心中的隐蔽枷锁

大概过了一个月，A 又与我见面。

她说："这一个月里，我尽量避免和他争吵。但是那天和他去他父母家，吃饭的时候他妈妈提到他小时候，说他小时候特别笨，什么也学不会，远远不如他姐姐。又说到他的第一份工作，还是他妈妈给他找的。整顿饭他都默不作声，回家的时候他阴沉着脸，开车的时候甚至露出咬牙切齿的表情。

"回到家以后，我劝他不要生气了。他却哭了，他说：'我知道我什么都做不好，'你们'来决定吧。你们想要让我成为什么样的人，你们就说吧。你们来命令我吧。然后他就不停地重复这句话。

"我有一种感觉，那就是，其实和我说话的人，不是他，而是一个小孩子。或者说，那个是童年的他。后来我旁敲侧击地调查他小时候的事，才知道，他小时候过得并不开心。他的姐姐比他大 4 岁，非常聪明优秀。和其他重男轻女的父母不同，他的爸妈一开始没有想要二胎，他是个意外。所以当他出生以后，爸妈并没有对他特别优待，反而怕他娇气，常常以他的姐姐为标准去要求他。

"他是在和姐姐的对比下长大的。虽然他有很多优点，但是确实不如姐姐聪明，姐姐常常考第一名，而且性格也非常活泼，这一点很像他的妈妈。他从小非常听话，小时候的事情都是妈妈包办的。他上哪所大学，学什么专业，毕业以后在哪个公司工作，都是他的妈妈决定的。

"他现在的工作是自己找的，其实除了第一份工作，后来的工作都是他自己找的，他的工作能力也非常出色，但是他并不认可自己。他始终对自己的第一份工作是妈妈找的这件事耿耿于怀。他对我说，其实他不想去那个公司，但是他妈妈一直要求他，他就去了。同意去上班的那天晚上，他非常沮丧，认为自己非常没用。后来他常常对我说的也是：他是个没有用的人。即使他现在事业有成，他也常常说自己没有什么用。"

我说："我明白了。那是他的'痛苦之身'。"

A 说："什么是'痛苦之身'？"

我说："'痛苦之身'这个名词，是剑桥大学的研究员埃克哈特·托利发明的。'痛苦之身'是每个人内心痛苦的根源，是偷偷藏在每个人内心的隐蔽的枷锁——你察觉不到它的存在，但是它实实在在地束缚着你，给你带来痛苦。

"世界上绝大部分人，在自己的整个人生中，都背负着不必要的痛苦。

"痛苦之身，由怨恨、自卑、敌意、愧疚和后悔组成，一个人过去的经历，尤其是幼年到青少年期间的不开心的经历，会在内心形成一个痛苦之身。人的本性是使过去的情绪和情感持续存在，痛苦之身要继续存在，就必须抓住过去不愉快的经历，它是由很多的负面情绪组成的，它会使人们加强自己对负面情绪的心理认同。

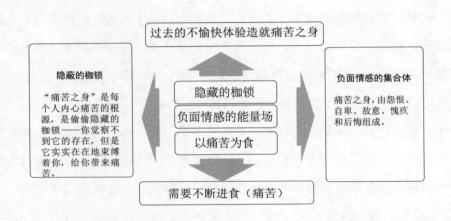

什么是痛苦之身？

"最后，痛苦之身成了每个人负面情感的集合体，它同时也是负面情绪的能量场。

"痛苦之身的存在，就好像身体中的另外一个你，但是它更强大，常常会取代真正的你，它也更狡猾。

"痛苦之身，以痛苦为食。

"痛苦之身需要不断地吸收痛苦，所以它常常会在人们的身体里作祟，痛苦之身的存在需要食物——负面的能量和痛苦的情绪。痛苦之身，本身是对痛苦的上瘾。它像身体里的一个装置，定期就要寻求一些负面的情感，同时也在寻找不幸。每个人身体里都有一个痛苦之身，只是有的人痛苦之身很小，它刚刚冒头，就会被意志力和乐观所压制；而有的人，他的痛苦之身更强大，会占据人的意识和思想，形成暴躁、过激和抑郁的情绪。"

A 想了想，恍然大悟："所以他的身体里，其实有一个强大的痛苦之身。所以他才会那么容易暴躁！形成这个痛苦之身的，就是他小时候的经历，他不被认可的童年。所以他在和我说话时，他说的'你们都瞧不起我'，其实是痛苦之身在说话！是痛苦之身在怨恨小时候没有人瞧得起他。"

我说："对，就是这样！长久以来，他都在压抑自己的情感——自己被认可的需要。长大后的他表现得非常懂事，但是他并不开心，因此他的压抑就更促成了痛苦之身的强大。他的痛苦之身始终存在，他的痛苦之身，就源自于他童年和母亲的关系以及他小时候不被认可的经历。在他成年后，明明有了能力，却还要听母亲的安排。虽然这件事已经过去很久，但是却加重了他的无力感。

"痛苦之身在这时已经非常敏感和强大，所以一件小事——他妈妈给他买了电视，他也觉得是对自己的侮辱、炫耀和示威。他会先把这件事理解为一种侵犯行为，继而痛苦之身会让他更觉得自己没用。"

A 点点头说："那他真的太可怜了。他其实在被自己的痛苦之身蒙蔽。我该怎么帮助他？我能够帮助他吗？"

我说："可以，虽然很难，但是知道了原因，就好办了。了解痛苦之身，正是解除它的枷锁的第一步。"

有的东西，只是看上去很可怕

我对 A 说："我们来上一节有关痛苦的课。"

当痛苦来临时，我们很容易会被击倒。

我们一开始拒绝接受现实，随即意志消沉，企图讨价还价，最后我们不得不接受事实，痛哭流涕，任由痛苦折磨我们。

在真正的痛苦面前，我们是这样渺小和脆弱。

看别人受苦很容易，觉得别人的困境是很容易克服的。只有当我们自己也陷入痛苦时（即使我们所遭受的痛苦在别人看来"没有那么严重"），它才能让我们真切地感受到它的威力。

因为我们面临的痛苦，并不是事件本身，而是我们内心的痛苦之身。

痛苦之身，使我们畏惧痛苦，放大痛苦，同时将我们的想象加诸这个事件上。

就像一棵普普通通的树，夕阳下山的时候，它的影子会变得很长。影子再长，也不是真实的；痛苦再真切，它也远没有看起来那么可怕。

因此首先要做的，就是抽掉我们内心的痛苦之身。

我在纸上写下：痛苦之身的特征。

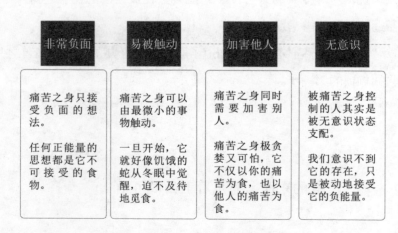

非常负面	易被触动	加害他人	无意识
痛苦之身只接受负面的想法。 任何正能量的思想都是它不可接受的食物。	痛苦之身可以由最微小的事物触动。 一旦开始，它就好像饥饿的蛇从冬眠中觉醒，迫不及待地觅食。	痛苦之身同时需要加害别人。 痛苦之身极贪婪又可怕，它不仅以你的痛苦为食，也以他人的痛苦为食。	被痛苦之身控制的人其实是被无意识状态支配。 我们意识不到它的存在，只是被动地接受它的负能量。

痛苦之身的 4 个本性

本性 1：非常负面，拒绝正面的想法

痛苦之身，其实是以不幸为食、对不幸上瘾的我们内心的某个怪物。

痛苦之身的存在基础是：拒绝正面的想法。

任何正能量的思想对它来说都是不可接受的食物，所以它只会对负面的想法感兴趣。

我们从自己身上发现痛苦之身难度很大，需要很强的自制力才能察觉到它。

相对来说，我们发现别人身上的痛苦之身要更容易。

想一想，你最亲近的人是谁？你最了解的人又是谁？他们通常会因为什么事情变得痛苦或者愤怒？他们痛苦和愤怒的时候，会说些什么、做些什么？他们首先想到的是什么？不愿放弃的又是什么呢？

在中国，我的观察是：女性的痛苦之身普遍比男性要强大，并且发作更频繁。

因为女性的痛苦之身，是历代累积下来的。从小女性就被灌输"女子不如男儿"的思想，即使重男轻女的现象减少了，但是它仍然存在。如果读这本书的你是个女孩，你可能不止一次听到过这句话：养女儿有什么用？

这句话往往还来自于非常疼爱你的父母。

身为女性，即使是最被疼爱的女孩，也常常会发现身边那些眼光——包括父母的眼光——是让自己感到不自在的。

在大多数父母虐待子女的案例中，亲生母亲虐待女儿的案例要远多于亲生母亲虐待儿子的案例。因此，虐待和仇恨的来源，都是痛苦之身对自身性别的仇恨和痛苦。

本性 2：易被触动，常因一些小事而触发

痛苦之身可以由最微小的事情触动，一旦开始就不想结束。

也许是别人说的话，也许是别人的一个小动作，也许是你内心的一个想法，甚至是电视上的一个广告，都有可能触动痛苦之身。

痛苦之身可以由最微小的事物触动，一旦开始，它就好像饥饿的蛇从冬眠中觉醒，迫不及待地觅食。

痛苦之身唯一的食物就是痛苦，一旦开始进食它就不想停止。你的思想可以在短时间内变得极端、负面，你看待别人和事物的眼光也会因此而改变。就像 B 那样，在晚饭时，他母亲的话触动了他的痛苦之身，使他被负面的回忆和思想缠住了，从而看待他妻子的眼光也随之改变，他会把妻子当成假想敌，当成过去的他妈妈以及所有不认同他的人的集合体。

本性 3：痛苦之身同时需要加害别人

痛苦之身既贪婪又可怕，它不仅以你的痛苦为食，也以他人的痛苦为食。

当你被痛苦之身控制时，你就会想伤害别人，这就是为什么有的时候，我们看到别人因我们而痛苦，不但不感到愧疚反而会有快感。

A 对我说："我小时候，是很听话的孩子，但是有一天，我第一次和妈妈大吵，并且把电脑摔在了她面前，她吃惊地看着我，泪水流了下来。我看到她哭了，稍微有点愧疚，但是这种愧疚感很快就被一种快感取代——我感到前所未有的畅快。"

A 沉浸在回忆中："以前我一直以为，我之所以会感到愉快，只不过是因为我循规蹈矩了太久，偶尔发泄一次很开心。但是现在想起来，看到别人痛苦，就会让我畅快，或者说，让痛苦之身畅快。"

我点头说："对的，痛苦之身喜欢看到人痛苦。痛苦之身喜欢扮演加害者，也喜欢扮演受害者。很多人总是觉得自己是受害者，稍微不如意，就认为他人对不起自己、他人在害自己，其实都是痛苦之身在作祟。"

本性 4：被痛苦之身控制的人其实被无意识状态支配

当你觉得痛苦时，其实是痛苦之身在作祟。

当你想要伤害别人时，也是痛苦之身需要通过伤害别人来获取能量。

当你觉得自己是受害者时，其实是痛苦之身需要你是受害者。

我说："所以，当我们陷入无名的痛苦时，是在被痛苦之身控制。此时的我们，近乎无意识。和你吵架，B 也很伤心，但是他从来不会主动停止，即使你看起来非常伤心。因为痛苦之身需要这样做。"

A 叹息着说："听起来太强大了。"

发现它，承认它，认识它

我对 A 说："打败痛苦之身的唯一方法，就是认识它、觉察它。在被它控制的时候看到它，就能使它变得弱小。"

A 反应极快："被看到的同时就被改变？听起来像是某个物理学理论。也使我想起《哈利·波特》电影里的那个妖怪——博格洛，它会察觉你最害怕的事物，然后变成它。唯一能打败它的是不被恐惧控制，面对它发笑——那会使它困惑。"

我说："聪明的类比。说起来《哈利·波特》里面有相当多的对现实世界的隐喻。嗯，痛苦之身就是人类世界的博格洛——面对它的时候首先要察觉它，但是不要被它控制。它看起来很强大，但是它除了让你痛苦，没有什么实际的力量。"

A 说："只要我不愿意被它控制，它就没办法伤害我。"

我说："对，所以你也要帮助 B。告诉他，什么是痛苦之身，帮助他洞察自己的痛苦之身，尤其是他被痛苦之身操控的时候。同时，你也不要被你内心的痛苦之身所影响——这可并不容易。"

A带着深思兴奋地离开了，虽然现在的情况仍然黑暗，但是她已经找到了脱离黑暗的方向。

我在咖啡桌上打开了笔记本，继续分析痛苦之身。

打开枷锁的钥匙在哪里？

刚开始接触"痛苦之身"这个词时，我们很容易犯的一个错——事实上，知识水平越高的人，越容易犯这个错——就是把这个词当做故弄玄虚，当做人为编出来的一个吓唬人的词儿。

我们很容易把那些从未接触过的、非严肃科学的理论，当做虚张声势，当做对我们的冒犯，从而产生抵触的情绪。

不仅是痛苦之身，我们还容易对一些佛教的用语产生抵触，比如"受害者""本我"，然后把它划入我们不感兴趣的理论范围。但是你一旦开始接触"痛苦之身"这个理论，不怀任何抵触和预设去理解它，你就会发现自己心灵世界的新天地，至少是你以前从未关注过的。

我第一次看到"痛苦之身"这个词，是在网络上的某篇文章中，当时我觉得有点好笑——心理学家们为了展开工作也是不遗余力，但是我仔细看了几页，就大吃一惊。

痛苦之身绝对是我们每个人的必修课程！了解它，才能不被它控制。

我感觉，就像我过去不知不觉间一直带着一个无形的枷锁在生活。但是现在，我忽然第一次看清楚了身上有枷锁以及枷锁的形状。

只有你了解你的内心，了解你的潜意识，你才不会被它控制，才不会被它影响你的行为、决定你的幸福。

没有任何人和事能影响你的幸福，除了你自己和你自己也不了解的内心深处的某个角落。

痛苦之身让我们失去判断力

痛苦之身会扭曲你对现在的人生、正在发生的事情的看法。

美剧《行尸走肉》中有一个情节：大反派总督把刀架在了农场主的脖子上，战斗一触即发，而战斗一旦发生，对所有人都没有好处。当主角瑞克劝说总督，告诉他自己愿意妥协，愿意把最好的条件让给总督时，总督有一瞬间被说动了，但是很快他又变脸，说："骗子！"然后砍下了农场主的头。

我觉得这是个非常有趣的细节，我对这个细节反复揣摩。

总督的这个行为最终使他付出了生命，而在当时，其实瑞克没有骗他。但是痛苦之身在他的耳边细语，扭曲了他对事物和人的看法，让他认为瑞克在欺骗他。

痛苦之身会让我们失去判断力。所以，要对抗痛苦之身，首先要找回我们的判断力：我到底为什么那么生气、伤心、失望？

我真的有必要那么生气吗？真的有必要那么伤心吗？

打开枷锁的钥匙在哪里？

钥匙，就是我们内心的觉察。要时刻保持内心的警觉。

要承认自己被痛苦之身所控制和蒙蔽并不容易，因为我们认为自己才是自己的内心、情绪和行为的主人，忽然知道自己其实是被另外一个东西所控制，推翻自己过去几十年的认知，谈何容易？

你是否有这样的体验：

有的时候，自己也不知道为什么，很容易就陷入负面情绪中，并且任何人都改变不了这种情况；

自己也不知道为什么，忽然就非常非常生气；

我们会忽然讨厌某个人，但是不知道为什么；

我们会不断做出错误的决定，即使心里隐约觉得不对，但是仍然觉得畅快。

操控我们的那些未知的部分，是什么呢？

现在你知道了，它就是痛苦之身。

这是我们心灵中非常隐蔽的一个地方：我们的心灵、思想都存在很多很大的阴影区域，从未被我们发现过。

你不主动，一辈子也不会发现它，但是却不能摆脱它的影响。

就像 B 那样，他以为童年的创伤：父母关系不和、母亲过于强势、自己始终在姐姐的阴影下、因为瘦弱而被人欺负……早已随着阅历的增长、心智的成熟、被人认可程度的不断提高而远去。

其实呢，它还潜藏在 B 的内心深处，并且变成了一个怪物：以痛苦之身的形式，不断要求现在的 B 付出痛苦。

我有一个朋友，她工作努力而顺心，男友疼爱她，父母对她也不错；但是她始终闷闷不乐的，非常容易不开心，有时毫无缘由的就陷入沉默。

她男友形容她"变脸比变天还快""为什么在别人眼里没什么大不了的事情却能轻易地让她不开心"，其实那是她内心的痛苦之身，始终不愿意让她走出内心的阴霾地带。

只要我们内心的痛苦、怨恨、不满和愤怒还常常莫名地出现，甚至我们常常会涌起攻击他人、使他人痛苦的意愿，就证明过去那些我们所遭遇的负面情绪和经历其实从未消失过。

成熟意味着我们能够处理自己和外界的关系；我们能够处理自己和自己内心的关系。

两个人吵架、互相攻击时，"有病"是一个很严重的侮辱。我们忌讳说自己内心有病，其实这种恐惧也许正说明了什么。

一个内心强大、没有阴霾的人，可能只会对别人关于"有病"的指控一笑而过。

要对抗痛苦之身，需要我们不断努力，时刻保持内心的警觉。

每个人的痛苦之身都不一样

我的阿姨是一个非常睿智的中年妇女，虽然她一辈子都是家庭主妇，没有正式工作过，但是她却凭借自己的眼光，把家里的房子经过几次出租、置换，硬生生变成了好几套，每次房子涨价前的商机都被她抓住了。

她的两个女儿对她非常孝顺，我姨夫对她也很好。

但是阿姨却常常不开心。某次我去阿姨家，正逢阿姨和姨夫为了一件小事拌嘴，阿姨越来越急，最后以姨夫的告饶和阿姨的痛哭而结束。

事毕，我和阿姨坐在一起讨论这件事。我阿姨叹息说："我知道你姨夫没什么错，但是我就是没法儿原谅他——他们一家都是这样。"

我觉得阿姨的话很不寻常，我试着和她聊天，才知道她对我姨夫的心结始于生二女儿的时候。生大女儿时，阿姨的婆婆就不是很高兴，但是还是去照看了。及至生了二女儿，阿姨的婆婆听说后非常生气，干脆不来看望。我姨夫如何劝解，阿姨都咽不下这口气，竟然怒而绝食。最后姨夫跪着道歉，她还是不吃东西，阿姨的婆婆只好来道歉。

"这件事在我心里永远过不去。为什么一开始他不带着他妈来道歉？"

阿姨徐徐而谈，最后又哭了："我小时候就是这样！我奶奶嫌我是个女孩，从来有好吃的都不留给我，只留给我的表哥表弟；我爸爸也嫌弃我，成天抱我表弟，恨不得我表弟能过继给他。我以为我妈会对我好一点儿，但是我妈也说：'为什么你不是男孩？你要是男孩，我就不至于吃那么多苦了……'"

我默默听着，阿姨继续说："所以，我每次和你姨夫吵架，总是想起我婆婆，想起你姨夫不争气，又想起我妈妈，然后，怨气就越来越大。"

看到这里，你一定能发觉：我阿姨的痛苦之身，就是她是个女孩，或者说，她因为是个女孩而受到的不公正待遇。及至成年后，又因为生了女儿而受到不公正待遇，加深了痛苦之身的能量。

事实上，我们年纪越大，就越难发现身上的痛苦之身；我们年纪越大，痛苦之身也就越顽固。因为它经过我们常年的饲养，已经非常强大、狡猾，和我们成为密不可分的一个整体。

写到这里我想到很多人：我自己、B、我的阿姨、我的母亲父亲、我从小长大的朋友们、我所知道的那些童年不快乐的许多人……他们虽然是不同的人，但是他们都有自己的痛苦之身。

如果有可能，我不仅希望能找到我的痛苦之身并对抗它，我还希望帮助他们找到自己的痛苦之身去清理它——它正是我们不幸的源头。

很多人以为那些陈年的伤疤早已愈合，但是童年的创伤和痛苦，从未真正远离。

它打扮成我们不认识的样子，躲在我们的身后，既不让我们察觉它，也不让我们找到它。

也许，我们比自己想象的要脆弱得多。

察觉自己的情绪：我到底为什么这么生气？

当 A 再次和我联系时，已经是一个月后。

她向我转述了这一个月来的变化：

回去以后她的情绪轻松了很多，B 也察觉到了她的变化，询问她。她却说："这是个秘密。"

后来有一次，两个人在地铁上吵了起来。虽然是很小的一件事，但是 B 的反应却非常大。以往这个时候，A 都会非常失望和伤心。

但是这一次，A 却非常平静，她认真地观察 B 的表情和行为。

直到 B 察觉到不寻常，问 A："你在干什么？"

A 问："你到底为什么这么生气？"

B 说："因为你总是和我对着干！"

A 说："我们的确意见不同。但是，你到底为什么这么生气？"

B 大为惶惑："难道不是因为我们意见不同吗？"

A 说："一般情况下，两个人意见不同，值得你那么生气吗？你有没有想过自己到底为了什么那么生气？"

1. 找回我们的判断力：我到底为什么那么生气、伤心、失望？

2. 要承认被它蒙蔽很容易，需要强大的意志力来保持清醒。

3. 只要真正感觉和承认它，它的力量就会不断减弱。

钥匙，就是我们内心的觉察

钥匙，就是我们内心的觉察

· 139 ·

B冷静了下来。两个人默默地回到家，洗菜、做饭。

直到吃完饭，B把碗洗了以后，走到A面前："我当时不知道怎么了，非常生气。"

A说："在你生气前的那一刹那，你想到了什么？或者说，你回忆起了什么？"

B说："我确实想到了一些事情，比如以往你是如何不重视我的意见的。"

A说："还有呢？"

B说："还有……我忽然想起，上学的时候，我妈妈也像你一样，对我的意见置若罔闻。"

A说："是啊，所以你发现没有，这次我们只是意见不同，但是你却把过去的负面情绪和记忆累积到了一起，所以你的反应才那么大。"

B说："嗯……这么说起来，其实我常常是这样的。"

A说："影响你的，其实是痛苦之身。"

之后，A详细地把痛苦之身对B解释了一遍。B沉默了一会儿，但是却听得很认真。

A说："解决痛苦之身，只能靠你自己。我可以帮助你察觉它，但是终究还是要靠你自己摆脱它。"

就这样，B第一次知道自己身上还有一个"痛苦之身"。

后来A对我总结时说："这个过程其实非常难。一开始B是承认自己的过激反应和负面情绪有痛苦之身的作用的，但他更愿意把这解释为他确实应该那么生气、伤心。但是经过几次后，他开始反省自己，直到接受和承认它的存在。像你说的，只要真正察觉它，它的力量就会不断减弱。后来我们争吵，当他非常沮丧的时候，我使他专注于事情本身是否值得他这样，并提醒他察觉自己的负面情绪的来源。"

和痛苦之身告别：再见，过去的伤痛

与痛苦之身告别，正是与过去伤痛的情绪和记忆告别。

那些事情已经过去，只要你不愿意，它不可能像控制小时候的你那样控制你，它也不可能一直欺瞒你。

我们必须意识到：痛苦之身其实是非常软弱的。

一旦我们投以注视，就像阳光照耀在吸血鬼的身上一样，一下就能让它无所遁形、威力大减。

你只是你本身，你不是过去的你的经历的集合，也不是内心伤痛的集合。

不要让过去的伤痛的脓水，再继续污染你现在的生命。

很多人无法和自己的母亲、自己的父亲保持亲密友爱的关系，很多人的父母同样关系紧张，往往都是痛苦之身在作祟。它的存在，使我们关于过去彼此的负面体验是如此强烈——它使过去不愉快的情绪长久地存在，使我们对现在的关系抗拒，使我们对彼此的行为非常介意，最终使我们远离了爱。

不告别痛苦之身，我们就没办法和他人建立亲密的关系。一方面，它使我们戴着有色眼镜看待他人，总是记着他人的不好；另一方面，它使我们过分关注内心的伤痛，无暇顾及他人。

几个月后，我收到来自 A 的简讯：

"他脱离了它。他现在非常幸福。谢谢你。"

不念过去，不望将来：活在当下的力量

我常常听到这些问题：为什么我的人生充满了问题？为什么我的人生这么痛苦？

要解答这一切并不难，因为答案早就在我们心中，关键在于我们是否愿意正视它。

问题1：为什么我的人生充满了问题？

因为问题本来就是人生的一部分。只有死去的人，才没有任何问题。

问题2：为什么我的人生这么痛苦？

这句话的预设立场是"我的人生不应该这么痛苦"，这可真是天真的一厢情愿。真相是：人生苦难重重。

这才是最伟大的真理。

人生苦难重重，所以不要问为什么。只有接受了这一点，我们的人生才能够有向好的方向发展的可能。

我曾经看到一个人说："人生是一个忧虑接着一个忧虑，一种恐惧紧跟着另外一种恐惧。"

这也太悲观了。

我们的恐惧和忧虑，往往和当下无关

我们绝大多数的恐惧，往往和具体的、真正能马上威胁到你的危险无关。

我们的恐惧，常常是自己的想象营造出来的怪物。

恐惧带来不安、焦虑、紧张、忧虑、烦恼、畏缩和恐怖。

我们恐惧的常常是"可能会发生的事情"，而不是"真正正在发生的事情"。

虽然你身在当下，但是你的灵魂和思绪早已进入未来。

未来的事情没有发生，就无法验证，而无法验证就增加了它的可怕。如果你恐惧的是正在发生的事情，那么事件总有结束的时候。正在发生的令你感到恐惧的事件结束的时候，也是你恐惧的时刻。未发生的事情，把你拉入焦虑的深渊。因为恐惧，你的思维失去了对自己的控制，你也无法好好面对当下。

只要你认同自己的恐惧，认同自己的恐怖想象，这种想象就会控制你的生活。虽然这种想象如此虚无缥缈，但是它的杀伤力却是真实存在的。

它会令你时时刻刻都生活在被威胁的恐惧之下，可笑的是，威胁你的，正是你的思想、你的幻想。

停止恐惧和忧虑：活在当下，不念将来

打败恐惧和忧虑的最好方法，就是活在当下。只看当下，只思考当下的事情并解决问题，绝不浪费时间在忧虑未来上。

也许你说：这很难，我无法控制自己幻想未来的事情，也无法控制自己担忧未来。

其实改变这一切非常简单，只要你能够自我观察，学会观察自己的思绪，然后对自己提出问题：

我忧虑的是什么？我恐惧的是什么？是正在发生的事情，还是未来的事情？我活在当下了吗？

当你意识到自己其实没有活在当下的那一刻，你就已经回到了当下。

人生的终极真谛究竟是什么？

曾经我也有过非常迷茫和痛苦的时期，那时的我每天都不快乐，我厌恶身边所有的人和事——我讨厌我自己，讨厌我的家人，讨厌我的工作，讨厌我路上遇见的陌生人，不过我最厌恶的，毫无疑问就是我自己的人生。

那时我唯一的幻想，或者说盼望，就是某一天我的人生会出现某种新变化，虽然不是中彩票这种幻想，但是也没有差太远。比如我的某个远房亲戚忽然留了一大笔遗产给我，比如我突然有了某种天赋，然后被某个非常有权势、有慧眼的伯乐挖掘，比如我忽然考上了国外某大学的博士，从此飞黄腾达，比如公司的总裁忽然提拔我为副总……诸如此类，年轻时候的幻想是如此丰富多彩。

我也幻想现实一点儿的未来：比如未来的我将从事什么样的职业，那时我已经有了多少钱，多么功成名就，那时我已经结婚生子，人人称羡……

沉浸在未来的这些幻想中，无疑是对我当时惨淡的人生的重要慰藉。但是我并没有意识到，每次我幻想完，都会更加无法面对幻想与现实的对比。

直到有一天，我忽然发现了一个秘密。这个秘密对我改变如此之大，以至于自从意识到这个秘密，我几乎每天都在过着我想要的生活：做我想做的事情，和我喜欢的人交往，等等。

这个真谛其实非常简单，简单到被我们大多数人都忽略了——即使知道它，人们也不会把它奉为圭臬。人们更愿意相信那些看起来更华丽、更富戏剧意味的真理，然后苦苦寻觅。

同时，这条简单的真理，在生活中要践行它却又非常困难，因为人们的本性就是喜欢左顾右盼。

但是我要说：不明白这条真理，我们永远也没办法真正触碰幸福的生活。

这条生命最终极的真谛就是：生命并不由昨天构成，也不由明天构成，生命仅仅只有"今天"。

而"今天"，就是此时此刻。

没有昨天，所以不要往后看。

也没有明天，所以不要往前看。

我们花了太多力气去缅怀过去的美好或者耿耿于怀过去的烦忧，我们又花了太多力气去展望明天，沉浸在美好未来的海市蜃楼中，或者被自己恐慌的未来吓得裹足不前。

不要往后看，也不要朝前看。

只看今天，只过今天。只看现在，只过现在。你拥有的此刻就是永恒。

谁是《天龙八部》中最苦最冤的人？

《天龙八部》作为武侠经典，每几年就会被人翻拍。这部小说的主题非常具有佛教的悲悯意味：无人不冤，有情皆孽。

这部作品我翻阅了无数次，对于它"每个人都是冤和苦"的主题印象非常深刻。

我一直在思考一个问题：既然这部小说中所有人都是苦的，都是冤的，那么最苦最冤的是谁？

三大主角——段誉、萧峰、虚竹，固然都有自己的苦和冤，其中以萧峰最甚，但是萧峰一生，也并不是没有开心的时候：前半生顺风顺水，成为帮主后又被众人爱戴，即使后来被冤枉，和阿朱也有过非常快乐的时光。

所以三位主角可以排除了。

其他配角呢？四大恶人？大理段家一族？和段正淳有情的几位江湖女？各式各样的人物层出不穷，固然他们的结局有好有坏，但是也都曾有过开心的时光。

唯一从头到尾从未开心过的人，只有一个。

那就是慕容复。

小说里有这么一段：西夏公主为了寻找虚竹招亲，把大家聚集在一起，询问了他们三个问题："请问公子！生平在什么地方最是快乐逍遥？"

这问题慕容复听她问过四五十人，但问到自己之时，突然间张口结舌，答不上来。他一生营营役役，为复兴燕国而奔走，可以说从未有过快乐之时。别人看他年少英俊，武功高强，名满天下，无不敬畏，但他内心，实在是从来没真正快乐过。

他呆了一呆，说道："要我觉得真正快乐，那是将来，不是过去。"

那宫女还道慕容复与宗赞王子等人一样："要等招为驸马，与公主成亲，那才是真正的喜乐。"却不知慕容复所说的快乐，却是将来身登大宝，成为大燕的中兴之主。

她微微一笑，又问："公子生平最爱之人叫什么名字？"

慕容复一怔，沉吟片刻，叹了口气，说道："我没什么最爱之人。"那宫女道："如此说来，这第三问也不用了。"

慕容复道："我盼得见公主之后，能回答姐姐第二第三个问题。"

看书的时候看到这儿不禁掩卷叹息，"要我觉得真正快乐，那是将来，不是过去"，也就是说，慕容复的人生前三十多年，竟然一点儿快乐的时间也没有。

小时候被父母严加管教，肩负复兴国家的重任，长大后又为了这一重任而奔走，永远活在对未来的期盼中，然后直到最后疯掉，也没有真正快乐过一天。

我想，没有人愿意做慕容复。但是我们却常常做着和慕容复一样的事情：永远把快乐的期望放在未来。

如果你想成为快乐的人，那么从把握当下开始。

就做不同：踏上真我成熟的
旅行，活出真正的自己

第七章

你可以的：
通过自己的努力获得幸福

　　从物质中得到的幸福感非常不稳定，幸福感会随着物质的减少而递减。只有对生活持有平淡的态度，从心灵深处感到愉悦，这样的幸福感才能持久。

被"误会"的幸福

1988 年，24 岁的霍华德·金森博士开始写自己的毕业论文，论文的标题是《人的幸福感取决于什么》。为了完成这篇论文，霍华德·金森印了一万份调查问卷，随机向市民发放，问卷里需要登记个人资料，然后回答一个问题。

问题是：你觉得自己幸福吗？

回答问卷的市民需要从五个选项中选择一个，五个选项分别是：A. 非常幸福；B. 幸福；C. 介于幸福和不幸福之间；D. 不幸福；E. 非常痛苦。经过三个多月的时间，霍华德·金森得到五千两百多份有效问卷。在五千多个人中，仅有 121 人认为自己目前非常幸福。

得到结果之后，霍华德·金森对感到非常幸福的 121 人进行了详细了解。

在这 121 人当中，有 50 人在这座城市中属于成功人士。无论从哪个角度来看，他们都比一般人更出色：他们通常出身于中产阶级，获得过良好的教育，不错的出身使他们的成长顺风顺水，他们进入了世界级的名牌大学，大学毕业后又进入了世界级的优秀企业。工作数年后，他们凭借积攒下来的知识、能力或者升到了高位，或者开创了自己的公司，然后和匹配自己身份的伴侣结婚。人生的成功是他们幸福感的主要来源。他们的幸福理所当然。

而其他 71 人则职业各异，有的是公司职员，有的是清洁工，有的甚至没有工作。这些事业上无所建树的人幸福感又是来源于哪里呢？霍华德·金森通过调查发现，虽然这些人职业各异，性格也各有不同，但是他们有一点是相同的，那就是没有太多物质方面的欲望。他们安贫乐道，能够享受平淡的生活。他们的幸福感并不是来自于他们的身份、地位、拥有的财富。他们表示幸福感来自于自己的内心，和自己成功与否无关。

霍华德·金森从调查结果中受到了启发，于是他的论文最终得到这样的结论：幸福的有两种人，一种是事业有成、名利双收的人，一种是淡泊名利、喜欢安静平淡的人。如果你是一个事业有成的成功人士，那么你可以通过不断拼搏，取得更多事业上的成功来获得幸福感。如果你只是一个普通人，那么你可以通过减少自己的欲望，来获得幸福感。

请问：这两种人，你更愿意做哪一种？

大多数人恐怕都会选择第二种。因为物质和现实带来的幸福感更加实际，更容易理解和把控。但是答案从来不会那么简单。

毕业之后，霍华德·金森决定留在学校任教。转眼之间二十多年过去了，如今霍华德·金森已经成为一位非常有名的教授。在一次整理房屋的时候，他找到了当初写的那篇有关幸福的论文，再次看到这篇论文霍华德非常激动，同时又想到了一个问题：当年自己做问卷调查时，表示自己过得非常幸福的121人，如今过得怎么样呢？他们现在还是感觉非常幸福吗？

为了找到问题的答案，他将这121人的联系方式翻了出来，又花了三个月的时间再次进行了问卷调查。

没过多久调查有了结果，仍然分成两类来看：

当年的121人中，有71位是事业和地位都非常普通的人，现在20年过去了，其中有两人已经去世，剩下的69个人都再次填写了问卷。在这二十多年的时间里，这69人的生活与当初相比发生了非常大的变化：有的人已经成了事业有成人士；有的人一直过着平淡的生活；有的人因为出现巨大变故，生活非常困难。但是他们的幸福感依然没有改变，仍然觉得自己的生活非常幸福。他们坚持了幸福感的选项。

而当年的 50 位成功人士，对幸福感的选项却出现了巨大的变化：50 人当中只有 9 人事业一直顺利，他们坚持了当年对幸福感的选项，表示自己过得非常幸福；有 23 人选幸福感一般；有 16 人因为事业受到挫折，选择了痛苦；还有两人的选项是非常痛苦。

这样的调查结果，让霍华德·金森感到困惑，为此一连数日都在研究出现这样结果的原因。

两个星期之后，霍华德·金森在《华盛顿邮报》上发表了一篇名为《幸福的密码》的论文。霍华德·金森在论文当中对两次跨度二十多年的问卷调查进行了详细叙述。在论文结尾他给出来的结论是：从物质当中得到的幸福感非常不稳定，幸福感会随着物质的减少而递减。只有对生活持有平淡的态度，从心灵深处感到愉悦，这样的幸福感才能持久。

霍华德·金森的这篇文章引起了巨大反响，无数读者认为他找到了幸福的钥匙。《华盛顿邮报》为此一天加印了六次！

有记者采访霍华德·金森对自己两次调查的看法，他说："二十多年前我对于幸福的认识还非常浅显，并不知道什么才是真正的'幸福'，并且我还将自己错误的看法教给了我的学生，这让我感到十分愧疚，在此我要向我的学生道歉，同时也要向'幸福'道歉。"

两个相爱的人，只要做到一点就能够获得幸福

我的朋友小英深夜来到我家。

我开门的时候，她正在门外瑟瑟发抖，11 月的天气，她身上只穿着睡衣，睡裤下露出细小白皙的脚踝。

她抬起头，毛躁的头发垂在两边，眼睛非常红。我看到她深夜前来，稍微惊讶了一下，就让她进来了。

她说："我觉得非常绝望……好像我做什么都是没用的。"

而我却知道，早晚会有这么一天，因为小英很像她的妈妈。

小英是我小学时就结识的朋友。我们坐前后桌，家又离得近，性格又合拍，所以从小玩到大，我们几乎知道对方成长中的每个细节。

而在我和小英交换的"秘密"中，非常重要的一个主题，就是她父母的关系。

小英的妈妈是那种非常传统的家庭妇女，信奉男主外，女主内。从小小英就见证了她的母亲是如何伟大，如何用女性的全部力量来维持一个稳定的家。

虽然她的父亲十分大男子主义，还有嗜酒的毛病，常常和朋友、同事一起吃饭喝酒，早出晚归。但是她的母亲却毫无怨言。

小英的母亲每天 5 点半就会起床，操持丈夫和小英的早饭，然后准备好衣服，叫爷儿俩起床。因为小英小时候肺不好，她妈妈要一早起来，一边煮饭，一边煎中药。直到 6 点半，小英的妈妈先叫丈夫和小英起床，伺候他们吃饭，然后送小英上学。7 点半回到家，还要赶紧做饭——标准的一荤一素一汤，然后赶去医院照顾婆婆。

婆婆一年中有 8 个月都是在医院度过的，幸好儿女多，小英的妈妈只负责早饭就可以。

回到家里，也没有休息的时间，做过家务活的人都知道，家务活看起来简单，其实非常复杂熬人，如果是那种讲究的家庭主妇，每天光家务活就忙得团团转。

小英的妈妈正是家庭主妇中出类拔萃的那一种，夏天小英和爸爸的衣服一天一洗，冬天 3 天一洗，所有的床上用品都是一周一洗，从未有过偷懒的时候。在所有的小伙伴眼里，小英的衣服永远是最干净的。

小英妈妈会把家里的所有角落，包括柜子顶、下水道边等犄角旮旯儿都擦得非常干净。

小英妈妈除了勤劳持家，还非常温柔和气，在小英的印象中，母亲从未对自己发过大火，也没有打过自己，每次小英犯了错，母亲都是和声和气地和她讲道理。而一条街上的其他小伙伴的妈妈，却有不少是母老虎一般的存在，所以小英常常是小伙伴们羡慕的对象。

然而这样勤劳温柔的小英妈妈，却没有得到自己丈夫的认可。

小英爸爸认为小英妈妈乏味、无趣，不能顺应自己的情趣。虽然小英妈妈和爸爸一样都是大学生，小英妈妈上学时还是有名的才女，喜好看书，又画得一手好油画，但是在结婚以后，小英妈妈就再没时间看书，也不再画画了。

渐渐地，小英爸爸开始觉得和她没有什么共同语言，于是常常早出晚归，和朋友们混在一起。

小英对我说过很多次她父母的婚姻，她说自己的爸爸并不是个不负责任的爸爸。相对于其他爸爸来说，他虽然喝酒，但是从不赌博，任何时候小英要求爸爸陪伴自己，他都不会拒绝。

在周末的时候爸爸也会带着小英去钓鱼，小英的数学一直以来都是爸爸辅导的，所以小英数学成绩一直非常好。

对小英妈妈来说，丈夫的冷落她都默默忍受了，但她最不能忍受的，就是丈夫对自己的付出不认可。

每次吵架都是因为这个，常常是妈妈哭着抱怨："我有什么对不起你们老朱家的？我为这个家操持得还不够吗？"

然后爸爸就烦躁地说："谁让你干了？你根本不用把家里弄得跟医院一样干净！我说了多少次你怎么就不听呢？"

最后会以小英妈妈默默垂泪，爸爸甩门出去而告终。

很显然，小英父母在很多人眼里是般配的，门当户对、男才女貌。

但是对自己来说，和对方结婚，绝对是让自己婚姻不幸的一个选择。他们都在婚姻中感到了痛苦和无力。

青春期的小英常常对我说，以后绝不要爸爸妈妈那样的婚姻。

但是长大以后的小英，却常常不自觉地模仿自己的妈妈。

每次谈恋爱，她都企图包办男方的生活，把同龄的男孩子照顾得无微不至。这种贤惠，却常常让人想逃。

唯一没有逃的，是小英的大学同学。所以一毕业，他们就火速结了婚。

在他们终于步入婚姻的时候，我郑重地对小英说："不要去模仿你妈妈！学会做你自己。"

小英对我笑笑说："我知道啦。"

婚后两年，他们有了一个健康漂亮的孩子。从很多角度来看，这都是一个幸福的家庭。

　　但是每次和小英及其丈夫聚会，我都发觉她的丈夫并不开心。因为小英像他的妈妈那样照顾他，却"听不到"他说的话。

　　上次我们聚会，我说起内蒙古的风光，小英的丈夫心驰神往，然后商量几个朋友一起开越野车自驾游。我知道小英的丈夫结婚前就是个驴友，他说过不止一次，希望自己婚后可以带着爱人一起去领略大自然。

　　小英蹙眉说："但是宝宝谁照顾啊？"

　　小英的老公说："交给我妈或者你妈照顾几天都行啊，不过三五天，宝宝也一岁了，没关系的。"

　　小英说："那可不行。我不放心我妈，也不放心你妈，从长计议吧。"

　　我看到小英老公失望的眼神。

　　小英安抚说："再过两年就陪你去好吗？"

　　小英老公点点头。

　　这一"过两年"，就是四五年过去了。小英的丈夫在聚会中显得越来越沉默，而小英浑然不觉。

　　直到今天晚上，小英来到我家，对我说："他要离婚。他说不爱我了。他说受不了我了……他说要找个和他合拍的人，而不是像我一样的老妈子。"

　　小英双手捂住脸，眼泪却仍然从手指的缝隙中流了出来："我怎么老妈子了……我还没老啊。"

　　她喃喃地说："我一直在努力维持我的婚姻。我知道的，他没有以前那么爱我了。谈恋爱的时候他每天都围着我转，每天都非常开心。结婚以后，不知道什么时候开始变了。他回家越来越晚，回家以后越来越沉默。一开始我以为我做得不够好。"

　　她抬起头："你知道的，我父母的婚姻不幸福。我不想像我父母一样过貌合神离的日子，所以我一直很努力避免这种情况。我很努力地去关心他，为他营造最好的生活。即使我很不快乐，我仍然在努力。但是很奇怪……"

她说到这里恍惚了一下，对我奇怪地一笑："我不快乐，而他好像也不快乐。我到底哪里做得不好？"

我说："你有没有意识到，你所做的一切，都是在重蹈你妈妈的覆辙？你在努力模仿你妈妈，又怎么可能不步她的后尘呢？"

小英说："难道一个贤惠的妻子不应该像我妈妈那样吗？"

我说："他需要的不是你的贤惠，你想过没有，他真正需要的是什么呢？"

小英吃了一惊，说："我没有想过这些，我以为给他一个温暖的家，就是最好的了。"

我说："也许他更需要的是灵魂上的伴侣，需要你的陪伴，也需要你和他的共鸣。你有认真回应过他的要求吗？你仔细想想，他一定对你提出过要求，然后被你拒绝了。"

小英想了想："他提过很希望一起去旅行，自驾游。但是我一直觉得孩子太小，后来孩子长大了，我又觉得我们太忙了——"

我打断她："你并没有很忙啊。你的年假都用来在家看孩子了。孩子有时完全可以给你的父母或者他的父母带啊。你的错误在于，太执著用自己的方式去爱他，而忽视了他的意愿。"

爱，是给予对方"正确"的付出

《圣经》上写道："爱是恒久忍耐，又有慈恩。爱是不嫉妒，爱是不自夸，不张狂，不做害羞的事，不求自己的益处，不轻易发怒，不计算人的恶，不喜欢不义，只喜欢真理；凡事包容，凡事相信，凡事盼望，凡事忍耐。爱是永不止息。"

这么看起来爱实在太难了，简直是在用圣人的标准来要求"爱"。但是，那是在你不会爱之前。

当我了解了爱的真谛，我发现爱一个人其实很简单，那就是给予对方"正确"的付出，给予他最需要的付出。

我也曾有过迷茫的时期。我不知道如何去爱一个人。

我对我的先生，也不总是持认真倾听的态度。他感兴趣的很多事情，比如军事、政治，都是我不感兴趣的。他最喜欢的惊悚片，我也并不爱看。

每次他跟我讲："老婆，我看到了一个很有趣的恐怖片理论，讲什么才会让人感到恐惧……就是你相信什么，什么就会让你恐惧……"

我都会打断他："你跟别人说吧，我还要做我自己的事情。"

那时，我正在看有关工作的资料。虽然我并不是一定要马上看，但是我仍然拒绝了他。因为我实在不感兴趣。

一开始，他还和我分享。后来，他看我没有兴趣，就不再和我讨论这些。

但是人类有分享的天性，所以他花很多时间在论坛与志同道合的、在我看来是"损友"的朋友们聊天、分享。

直到有一天，我发现他和我说话越来越少，他花在朋友们身上的时间越来越多。我想努力把他的注意力拉回来，于是我也研究了几部恐怖大师的电影。

　　他下班以后，我很高兴地要和他说出我的见解时，他不耐烦地打断我："你和别人说吧。我还有自己的事情要做。"

　　话说出口的那一刻，我们都呆住了。显然，我们两个人都记得以前这话是我用来搪塞他的。

　　我们都若有所思，在沙发上坐下来。

　　从那天开始，我们约定，以后要对对方的生活和爱好更感兴趣，每周都要有我们的共享时间：每周我们至少共享一部电影或者小说等作品，可以是他喜欢的，也可以是我喜欢的。

　　我们一起看，然后看完交流心得。

　　要学会询问对方："你需要我怎么做呢？"

　　其实，只要做到一件事，就能够开启幸福的婚姻，那就是询问对方："你需要我用什么方式来爱你呢？"

　　小英的父母，之所以婚姻不幸福，是因为他们都只以自己的方式去爱对方，却从未问过对方真正需要什么。最后两个人都觉得自己付出了很多，对方还感受不到，两个人都在失望中心灰意冷。

　　就像歌里唱的："我们都忘记要搭一座桥，到对方心里瞧一瞧，体会彼此什么才最重要。"

　　我们全都希望，对方能够以自己需要的方式来爱自己。那么，如果你希望对方为自己做什么，就要明确地告诉对方；如果对对方有任何不满，也要立刻说出来。

　　所以，我们列了一张表，表分为两列，一列是他对我的需求；另外一列是我对他的需求。

光是制订、修改这个需求表，就花了我们一周的时间；而完善它，则用了更长的时间。

让我非常吃惊的是，原来他憋在心里那么多事。

他说："我每次和你说什么事，都希望得到你的赞同，而不是泼冷水。"

我说："我在努力帮助你保持理性呀。我怕你失败啊。"

他说："可是我并不需要这份'理性'啊。我只需要自己被支持，你也说了，是你怕我失败，而不是我怕我自己失败啊。"

我才恍然大悟，于是我之后逐渐改变了说话方式。

我们都在努力，用对方需要的方式去爱对方。

婚姻不幸的来源：我们常常期望他人能为自己负责

没有任何一个生命能够为另一个生命负责。

你的生命，只能你自己负责。

每一个生命，都需要且只能为自己负责。

那些期望别人为自己生命负责的人，最后往往只会收获失望。

因为对别人来说，为你的生命负责，是最最沉重的重担。

对你来说，却是把自己生命的主导权交到了别人手上，你同时失去的，是自我的安全感。你只会不断猜疑对方，因为害怕失去依靠而患得患失。

因为恐惧，你的期望会渐渐变成控制和要求。直到两个人都不堪重负，都对彼此绝望，这份期待才会终止。

最重要的，期待别人对你的生命负责，会使你对自己的能力绝望。

通往幸福的路并不好走，我们关心自己比关心别人的需求可容易多了。

但是在这个过程中，我们的关系会变得越来越有活力。

觉得辛苦的时候，可以做些简单的事情，类似于"和他看场他喜欢的电影"。

不要再执著于用自己的方式去看别人，而要用他人想要的方式去爱别人，那么，幸福，绝对是可以预期的。

理性面对父母，走出自己的人生

我身边很多朋友，在成年之后都和父母关系不和谐，这种不和谐，让他们很痛苦。

为什么和父母的不和格外让人痛苦？

因为大多数时候，我们都被自己的情感左右，无法理性地面对父母。

不能理性面对父母，往往是我们情感上痛苦的源头。

痛苦的根源：血缘关系无法改变，而渴望亲情又是人的本能

如果和恋人相处不来，可以分手；和朋友相处不好，可以再换。

在生活的其他方面，我们拥有很大的自主权。

只有父母亲情，是我们无法选择的。你无法选择你的父母是谁，又无法改变和父母不和的现状。

和父母不和的种类有很多：父母控制欲太强，完全没有任何自由；得不到父母的认可，感到非常痛苦；夹在父母和自己的理想、父母和恋人之间，无法抉择；经济上不能独立，所以受到父母的诘难；和父母三观完全不同，一见面就吵架，还被指责不孝顺、不听话、白眼狼……

每一种都足够让人痛苦。

但是，中国人讲究"断了骨头连着筋""血脉亲缘无法割舍"。所以，痛苦由此产生。

比亲缘关系更无法割舍的，还有我们内心渴望亲情的本能。

《左传》中讲了一个故事，郑武公夫人姜氏在生大儿子庄公的时候，因为难产差点失去了性命。所以姜氏非常讨厌大儿子，只喜欢小儿子。

及至庄公即位，姜氏仍然偏帮幼子，先是帮助幼子讨封地，而后仍然不知足，竟然帮助幼子造反。母亲偏心成这样也是够让人寒心的了。

庄公在打败弟弟后，伤心到了极点，把姜氏专门安排到了别处，并且发了重誓：不及黄泉，无相见也。

结果，后来庄公还是眷恋母亲。有个大臣知道庄公的心思，于是修建了一个假的黄泉，母子才得以相见。

我觉得这个故事很能说明人的天性：即使从小母亲不喜欢自己，即使成年后母亲让自己伤心到了极点，庄公仍然渴望母子之情。

很多困惑于亲子关系的现代人也是如此，即便和父母关系到了冰点，即便痛恨父母，内心深处还是渴望亲情的。这是人类的本能。

不要再抱怨"父母逼我"

父母逼我和不是公务员也不在国企工作的男友分手……

父母逼我离开北京，回到家乡做个公务员……

父母逼我把养了三年的猫送人，即使我反复说它身上没有寄生虫，但是他们就是不信……

父母逼我和比我小4岁的男友分手，理由是女大男小以后他会嫌弃我……

父母逼我把所有的工资上缴，然后每个月给我固定生活费……

父母逼我和我不喜欢的人相亲，就因为那个人家境比较好……

太阳底下并无新鲜事，虽然"父母逼我"背后有很多很多的故事，但是这些故事永远脱离不了的模式是：父母逼我做我不想做的事情。

怎么办？

解决的办法当然只有一个：那就是坚持你作为成年人的独立性，作为一个个体，任何你不想做的事，都没有人可以逼你。

很多抱怨"父母逼我"的人，实际上不是经济不独立——需要倚靠父母，比如工作后仍然居住在父母家，就是心理不独立——还没有习惯自己已经是个成年人这一事实，换句话说，心理上还没断奶。

你自己都不独立，父母怎么会认可你有决策权？

在中国，太多亲子关系的症结在于缺乏明显的边界。父母习惯于掌控子女的人生，而子女虽然感到痛苦，但是也习惯于被掌控。

在你成年后，父母能够逼你做的事情，其实非常有限。

如果你经济独立，心理独立，那么无论父母多么强势，都无法对你造成本质影响。

解决亲子关系的烦恼，从自我的独立开始

亲子关系中，经济不独立或不完全独立，就没办法获得真正的权利。

要解决亲子关系带来的烦恼，首先要做的，就是自我的独立。

很多人期望的状态是：虽然我经济还没有完全独立，需要倚仗父母，但是我已经是成年人了，所以我的事情应该我自己做主。希望父母除了提供经

济支持之外，别的事最好不要约束我。

但是对父母来说：我会管你，还不是因为你没长大？你连自己都养活不了，还谈什么独立？我供你吃供你穿供你住，现在连意见都不能提了？

往往父母这么对你说，你又觉得父母不尊重你，伤害了你。

事实上，经济权决定话语权，这是颠扑不破的真理。

你一天不能独立，父母就一天不会对你放心。所以在争取父母的不干涉之前，首先应该努力让自己经济独立。

那么，如何解决呢？

首先，不要对父母抱有太高期望

我们期望母慈子爱、父慈子孝，这真是完美的亲子关系。但是大多数家庭，都不是这种类型。

我长大之后，我才慢慢理解：父母也是平常人。父母也有他们不能超越的界限，也有他们人性中的缺点和弱点。

不要对父母抱太高的期望，期望太高，往往得到的只有失望。

不要抱太高的期望包括但不限于：不要期望父母没有私心，任何人都有私心，父母当然也会有；不要期望父母为自己牺牲，这是非常错误的期望；不要期望你非常喜欢的男朋友或女朋友父母也非常喜欢，要和你的男朋友或女朋友过一辈子的人是你而不是你的父母，他们没有义务也没有责任一定要喜欢他们，相处融洽就够了。如果连相处融洽也做不到，那么尽量保持距离。

最重要的，不要期望你的父母和别人的父母一样。因为你的父母也没办法把你变成别人的孩子。

我知道每个人都在渴望理想的父母，但是这事是命中注定的。过多的期望会使我们对现状不满，苛责父母，会给亲子关系带来伤害。

当你手里的牌已经注定，你能够做的，就是尽量采取技巧和策略，把它打得更好一点儿。

亲子关系也是需要经营的，也许经营亲子关系比经营爱情、经营事业要简单很多，但是这并不意味着我们就不需要付出。

付出什么？

智慧。

忍耐。

爱。

时间。

妥协。

获得父母尊重、认可的方法：比他们做得更好

如果你的父母总是在拿他们的权威压你，那么获得他们的尊重和认可的唯一方法就是比他们做得更好。如果你能比你的父母学历更高、赚钱更多，他们就会相信你的能力，承认你的地位。

如果只是日常琐事的不和谐，那么不妨做个孝顺的孩子：他说什么，你就"是是是，好好好"，大主意还是自己拿，让父母面子上过得去就行了。有的事情真的不必太当真。

中国家庭的一个很大的弊端就是：孩子成年后，父母仍然把孩子当成自己的，而不是独立的个体。

父母只看到自己的存在，而看不到孩子的存在；不承认孩子是独立个体，也不允许孩子有自己的自由意志。

如果你的父母是这样的，那么不妨离他们远一点儿，适当保持距离。先学会独立生活，也让父母适应下你已经是个独立的成年人这个事实。往往过个两三年，父母就会习惯这个事实。一开始也许很艰难，但是时间会改变一切。

适当保持距离

我们常常有这样的体验：和不熟的人，往往能够相处融洽，互相谦让，但是对自己的父母，却很难和平相处。

因为如果我们和不熟的人彼此不爽，我们会努力克制并消化这种不爽，双方都会进行一定程度的妥协。

但是和父母在一起呢，彼此都觉得既然是亲子关系——全世界最亲近的关系，那么就有话直说，没必要整那些虚的，结果就是，反而比对陌生人还要苛刻。

我身边的朋友基本以成家立业的80后为主，有的是夹在大家和小家之间，有的则是上有老下有小。这些人之中，和父母相处很好的不在少数，而他们无一不是不住在一起的。

因为有一定的距离，所以平日想的都是彼此的好处。做儿女的常常探望、常给买东西、常打电话，做父母的因为看不到儿女的坏处，反而觉得儿女更孝顺。亲子关系由此变得和谐。

我一个女友的经历跟大家分享一下："我20岁以前最痛苦的事情，就是父母重男轻女。虽然父母也很疼爱我，但是那种根深蒂固的观念是改不了的。为此我伤心过，也抗争过，最后心灰意冷。

"及至成年后，一方面父母对我很好，我也有孺慕之情；另一方面想起父母的重男轻女，我又觉得有怨气。这两种激烈的情感使我痛苦。欲爱不甘，欲怨不能。

"父母也不理解我为什么总是对此耿耿于怀，所以我们常常为了这个吵架，家庭关系一度进入冰点。但是，直到有一天，我想通了一件事：父母也是平常人，他们也有自己的局限性，不要对父母要求过高。"

如果实在做不到，那么可以抽离性地在情感上把父母看做陌生人，你反而会发现自己的怨气减少了。

从心理学上讲，每个个体都在渴望一个毫无私心、毫无保留、无限度、无要求、无原则爱我们的母亲，这个母亲是心理上的母亲。

但是我们常常把这种愿望投射到我们现实中的父母身上，一旦现实中的父母不能做到毫无私心、毫无保留、无限度地爱我们，我们就会觉得自己没有得到应有的爱，从而产生怨气。

这种心理需求，虽然是人类的原始本能，但是只会让我们痛苦。

学会放下，是人生中的重要课题之一。既然我们能够接受陌生人对我们不好，为什么要对父母对我们不好而耿耿于怀？

虽然亲子关系很重要，但是远远没有到可以主宰你人生的地步。不要把你的悲喜建立在这件事情上。

找一种双方都能接受，而且相对舒服的模式来相处。

我有个非常有智慧的朋友，早年曾是留守儿童，父母的不关心给她留下了不小的童年阴影。

但是在她 30 岁的那年，她选择从阴影中走出来。她说："我都是做妈妈的人了，难道还要惦记童年的那些阴影？"

换句话说，你已经是成年人了，可以自主选择不再被童年的阴影所影响。

不要过于敏感

确实有非常不好的父母，但是有时只是我们神经过敏，不要把问题想得太复杂，也不要把父母想得太坏。

有的父母，只是不懂得如何和孩子交流，这需要你去引导她。

不要缅怀过去：时间是过得很快的。如果你总是缅怀过去，那么你只会在不知不觉间失去当下。

控制的背后：恐惧和讨好

父母会以各种方式约束你、管制你，他们的强硬会让你感到不开心、苦恼、愤怒甚至痛苦，但是他们行为的本质，却是恐惧和讨好。

因为恐惧你离开，所以采取了一种错误的方式讨好你。

世界永远是在下一代的手中，就像纪伯伦的诗中写的："你的子女其实不是你的子女，他们去往的，是你做梦也到不了的明天。"

父母被过去和时间深深禁锢，永远也追不上子女；而子女则不断前进，把自己的父母甩在身后。

父母即使不懂这个道理，他们也会隐隐约约意识到，你只会越来越远。所以他们会想要控制你，企图把你留在他们的世界里。

所有的恶言相向、冷眼相对背后，都是他们内心的脆弱和恐惧。

时间是所有人都无法逃脱的泥沼，尽管你的父母看起来依然强大、咄咄逼人，但是本质上，他们已经在走下坡路，在面临身体老去的现实和恐惧。他们的未来，需要讨好子女。

那天我在网上看挂画，打算买一幅挂到客厅的走廊上。

然后我叫我妈妈过来一起选，问我妈妈的最喜欢哪一幅。她看了看，选了我完全没想过的，看起来最简单的一幅：

图上用卡通的笔触描绘出两株小草，看起来颇有童趣，只是仔细一看：一株仍然茂盛，而另外一株已经枯萎。

一枯一荣，看起来颇具禅意。

我问我妈妈："为什么是这幅？"

我妈妈说："时间过得太快了。"这没头没脑的话我却懂了，瞬间感到非常心酸。

想起我妈妈这些年的酸甜苦辣，从她 30 岁，到 50 岁，再到 60 岁，我想起她年轻时候的样子，又想到她这几十年变化，好像不过是几天的时间。

我沉浸在悲伤的情绪里无法自拔。也在那一刻，我原谅了我妈妈过去对我的种种不好，那些不曾宣之于口的怨气在瞬间烟消云散。人生本身非常艰难，当你理解了父母的局限和无奈，就会自然而然地放开。

然而这些道理，也许要到你也为人父母的时候才会知道。

当你明白了这一切——思想和情感会被伦理和现实束缚住，所以你还会因为父母感到痛苦。

但是你的理性和心智却获得了自由：不再背负任何不属于你的枷锁。

望你被这个世界温柔相待。

不再做"好好先生"，让你的付出更有价值

我们身边常常会有一些"好好先生"类的人物。他们相对他人来说更无私、更好说话，你有事求他，他通常不会拒绝。

"好好先生"通常有不错的人缘，但是这种人缘是他们的付出换来的。"好好先生"可能帮助过一个人无数次，但是下一次假使好好先生拒绝了别人的请求，就会招致别人的怨怼。

我身边有个女孩明明就是典型的"好好先生"（也许应该叫好好小姐）。

一直以来，她都是团队中最好说话的那一个。但是最近明明却对我说："一直以来我都想做个善良和蔼的人，也愿意给我周围的人提供各种帮助，哪怕很多时候我要付出大量时间和精力。但是为什么有时候我的付出，得不到别人的感恩呢？"她发出感慨的直接原因是最近发生的一件事。明明的老公因为工作原因时常需要往返内地和香港，有时就会帮朋友代购一些商品，也不收代购费。其中小X是最常请她代购的，从奶粉到化妆品，从包包到苹果手机。

曾经明明的老公一次性携带了6大罐奶粉给小X，一路上勒得手都变形了。

还有苹果5S刚刚推出的时候，小X就让明明的老公帮忙代购。但是因为手机刚刚推出，抢的人特别多，明明老公足足排了4个小时的队也没有买到，最后，还是加价500元找黄牛买到的。

小X拿到手机，听说明明的老公帮忙付了500元黄牛费，只是淡淡地说了句："谢谢啊。"丝毫没给明明老公钱的意思。

明明的老公对明明发了一通火，勒令明明不许再答应小X代购。

这次苹果6S推出，小X又找到明明，说想要买两部玫瑰金色的6S手机，64G的，还专门说："这个周末之前一定要给我买到啊，我出去玩要用。"

明明说："这才推出几天啊，不好买呢。要不你换个别的颜色？"

小X不高兴了："算了算了，这么点事都不帮忙，不用你了。"说完就把电话挂了。

明明气不打一处来。但是反思下自己，帮了别人反被别人轻视的事情不止一次了，偶尔拒绝一次，就遭到对方怨怼的事情也不是第一次发生了。

我对说明明说："你错就错在，你的善良其实是没什么价值的善良。因为你的付出，一直属于'低价值的付出'。"

如果一直做低价值的付出，那么付出再多，你在别人眼里也仅仅是个好好先生。人们会认为好好先生脾气很好，但是却不觉得他有什么价值。

什么叫做低价值付出？

低价值付出就是自己感觉为对方做了很多，但是对方却并不这么认为，不会对你产生感激之情，甚至偶尔一次没达到对方的要求，对方还会厌恶你。

什么样的付出是低价值付出？

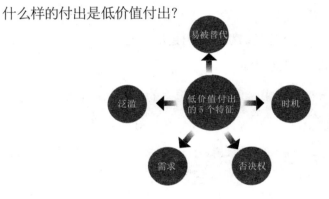

低价值付出的5个特征

我们先对低价值付出做一个总结，低价值付出的特征如下：

特征1：泛滥——随意的付出是低价值付出

付出越稀有，价值越高；付出越泛滥，价值越低。

别人求你做什么，你都马上答应，不管是请你帮忙带午餐，还是请你帮忙改文件。你满口答应的同时，别人也会觉得"没有什么"，反正你已经习惯了付出。

特征2：需求——不符合对方真实需求的付出是低价值付出

很多时候，父母对我们很好，但是我们并不领情。有时父母帮我们打扫了房间，我们还会觉得父母弄乱了自己东西的顺序。

是我们真的不懂感恩吗？不是，是因为对方的付出不符合我们的真实需求。

比如有一天，你和朋友约好了中午一起吃饭，吃的是你最喜欢的西餐。结果到了吃饭的时间，好久不见的女朋友却带着她刚刚做好的汤来找你。

虽然你并不喜欢喝汤，但是女朋友的好意不能不领，于是只能陪着女朋友喝汤，和朋友约定改日再一起吃饭。

对于女朋友的付出，你不是不感激。但是对你来说，确实没有什么价值。

特征 3：时机——不在最佳时机的付出是低价值付出

当对方急需帮助时，你的帮助会让对方感觉你的付出是高价值付出。

在别人升迁的庆祝宴会上，你给对方再多的好礼，对方也不会有多少感激之情，反而会产生一种优越感，认为你是在讨好他。但是当一个人在落魄之时你伸出援助之手，即使你的援助很小，对方也会对你产生巨大的感激之情。

锦上添花的事情大家经常做，但雪中送炭的人相比较之下却比较少。锦上添花时付出多少其实没有太大区别，别人不会有太多感激之情，而他人落魄时你雪中送炭，无论付出多少，稍微有良知的人都会感激你一辈子。

特征 4：否决权——你没有拒绝权利的付出是低价值付出

在一个企业里，老板叫你做的事情，你就必须做；要求你加班，你就必须加班。但是老板会因此感激你吗？当然不会，因为这是你应该做的。其实就算你做的不是份内的工作，比如无偿加班，老板也不会因此感激你，因为你没有拒绝的权利，只能这么做。

我有一位朋友是私企的老板，他有一个很大的别墅，平时空置不用，偶尔放假时才过去住。

有一天这个朋友请我去吃烧烤。朋友说是自助烧烤，自己烤自己吃。我想会很有趣于是答应了，想到烧烤前肯定要洗菜、穿肉，烧烤完还要打扫，便特意穿了一件耐脏的衣服。到了那里我才发现，别墅的院子里架了两个烧烤架，朋友们都衣着整洁地坐在那儿烤肉，已经穿好的肉串和蔬菜串堆成了小山。

院子的角落里，两个年纪不大的女孩坐在那儿，一个在切肉、洗菜，另外一个正在费力地往串子上穿肉。两个人和坐在那儿等着烤肉的朋友们形成了鲜明的对比。

我有点尴尬，笑着说："不是说好了咱们自己烤吗？怎么又找人帮忙？"

我的老板朋友不在乎地说："没事，都是我公司里的员工。反正他们周末也没事。"

我恍然大悟，不由得更加尴尬了。那两个女孩显然都听见了，显得十分低落。

后来我觉得很别扭，吃完饭后，就帮着两个女孩一块儿收拾。虽然我对自己朋友的行为颇有微词，但是他的行为却在这个世界上司空见惯。

这些年虽然我也受了不少苦，但是这一次，才让我深刻感觉到了阶级是真实存在的。如果你没有拒绝的权利，那么你付出再多，哪怕是周末不休息来别人家帮别人烤肉，别人也不会当回事。

而你能做的，就是提升自己，让别人尊重你的能力，不敢随意指使你。

特征5：易被代替——可以随便被代替的付出是低价值付出

如果一件事，你可以做，别人也可以做，那么你的付出就很难被认为是高价值付出。

那么如何在付出一定量的情况下，让对方感受到你付出的价值呢？

通过以下几点可以实现：

掌握好付出的时机

战国时期魏国攻打赵国，当时魏国较强大，赵国无法抵御魏国的入侵，于是向齐国求援。齐国的孙膑就提出必须帮助赵国，但是需要在赵国快要抵挡不住时再出手，因为赵国越是困难，齐国的帮助就越有价值：战争一开始就去帮助赵国，就算取得胜利，赵国也会认为是依靠自己的力量取得的胜利，齐国只是辅助而已；但是去晚了赵国就被魏国攻陷了，齐国去也没有什么意义了。所以选择帮助的时机非常重要。

助人为乐是中华民族的传统美德，但是想要得到高价值付出就需要抓住时机，在对方最需要帮助时出手。

最好的情况是，能够在对方最紧急、最需要帮助的时候，给出你的帮助。

让对方感觉到你永远有"拒绝权"

要让对方知道：你并不想做这件事，通常你也不会做这件事，这次是看在对方的面子上才做这件事的。

你在有权利拒绝对方请求的前提下，给对方以帮助，才会让对方感受到你的付出是高价值的。

天天做好事的人有一天突然不做了，人们就会觉得这个人成坏人了，而一个天天做坏事的人某一天做了一件好事，仿佛之前他犯的过错都可以一笔勾销了。

这种事情屡见不鲜。我们可以从另一个角度来看待这个问题：

天天做好事的人是没有原则地做好事，时间久了就会让周围的人感到你没有否决权，认为你做了是应该的，不做就是错的，这时你的付出就是低价值付出。然而当一个坏人突然做了一件好事——之前他一直都做坏事，周围的人认为这个人对好事是拒绝的，那么对方就会感觉他的付出是高价值付出。

如果你确实愿意付出，或者你经过衡量，认为付出是自己的选择，那你也要先让对方感觉到，其实你是有拒绝的权利的，然后再付出。

如何让对方感觉你是拥有"否决权"的？

当别人想要你帮助他时，即使你可以立刻就帮，也不要马上答应，应该等待一下再答应。

"我现在也不知道那天是不是要出去，我先确定下，然后给你回复。"

先拒绝对方的请求，当对方又提出请求时，再提供帮助。

先表示自己现在有事情，等下班后再说吧，然后等下班后对方又请求你帮助时，再考虑是否提供帮助。

不要完全按照对方的要求去帮助，比如对方要求在周三之前完成，你可以回答时间比较紧张，至少要周五才能够完成。

实际上类似的方法有很多，你可以举一反三，中心内容就是让对方感觉到你很忙，无论你是否真的比较忙，在这种情况下，你的付出才是高价值的。

当然，这种方法也需要分请求帮助的人，如果是关系紧密的人，那就要谨慎使用。

不轻易给出自己的付出

物以稀为贵，你的帮助让对方感觉是稀有的，你的付出就是高价值付出。

好人一直做好事，但被认为是理所应当；坏人偶尔做了一件好事，就被周围人交口称赞。比如说：

"一般这种事情我都不愿意介入的，但是你需要帮忙，这次我就帮你一回。"

"这种事情很多人都找过我，我确实是不愿意这么做，但是这次上门来说了，那我就破例一回。"

无论你如何说，重点是要别人了解到你所提供的帮助是十分稀有的。

要让他知道你的付出是别人无法代替的

如果能够让对方认为他所需要的帮助只有你才能帮提供，那么你的付出就是高价值付出。

这点可以向商场推销员学习，他们比较喜欢用这种方式给顾客介绍：

"这个型号的产品现在都断货了，只有我这里还有几台。"

"其他地方的价格肯定都比我高。"

"一般这种产品的质保都是一年，只有我愿意给你保修三年。"

其实在现实生活当中，很少有别人替代不了的事情，上面几句话仔细分析下，就会感觉有点假，但是对一些心理防备较弱的人来说就非常有用。

如果你的付出真的是别人无法代替的，那么你一定要让对方明白这一点。

要让他感觉到"你的付出并不是举手之劳"

我常常听到我的律师朋友、心理医生朋友、设计师朋友抱怨，总有熟悉不熟悉的人请他们帮忙。

帮忙也就算了，最可恨的是别人还会轻描淡写地说：

——你不是设计师吗，帮我设计个 Logo 呗？反正也花不了你多少时间。

——你不是律师吗，帮我起草个合同吧。反正是你的专业。

——你是心理医生，能帮我做下心理咨询吗？我跟你说我有很多想不开的事儿，我感觉我抑郁症了……

设计一个 Logo 需要考虑多方面的因素，至少要十几个小时，万一对方不喜欢还要重做。

起草一份合同也要花费不少时间，何况需要律师起草的合同通常是十分复杂的合同。

心理咨询则更麻烦，绝非一两个小时可以解决。

在生活中，时常有人请我们帮忙时，会把事情说得非常简单。有时我们一开始就知道事情的难度，有时做到一半才发觉：原来这件事情这么麻烦！但是已经答应对方，只好硬着头皮做下去。做完之后对方也只是轻描淡写地说一句"谢谢"，其实并不领情。

如果对方觉得你做某件事情很简单，那么你的帮助无疑就是低价值付出。

所以，想要对方觉得你的付出是具备价值的，是不轻易付出的，就一定要让对方明确这件事情的难度，要让对方清楚：即使这件事情是在你的专业范围内，也不是一蹴而就的。

即便这件事情对你来说并不难，你也要让对方感觉到这件事情是耗费你的专业和资源，花了不少时间才完成的。不要觉得对不起对方，第一，你真的帮了他的忙；第二，如果他觉得你的付出并不多，做这些事也不难，他下回还会有更多的事情来烦你——反正你一下就能做完。

第八章

唤醒内在神灵：
从内获取心灵力量

要改善拖延，就要学会保持内心的觉察。

为什么我们常常想要控制别人？因为控制不了自己。

你会创造些什么，取决于你自己。

寻找拖延的根源：我不信任我自己

拖延症在今天，几乎是一种"全民疾病"。拖延对人生的打击是釜底抽薪式的，轻度拖延症会使我们与优秀无缘，而重度拖延症则会使我们整个人陷入一团糟。

其实我也曾受过拖延症的困扰，曾经有一段时间我的压力非常大，于是在解决问题之前，我都要对自己进行漫长的心理建设和很多在外人看来毫无意义的准备工作。

拖延的时间久了，会打击自己的信心，也会使他人的态度发生转变：别人先是质疑你的态度，进而质疑你的能力，最后质疑你整个人。

只有我自己知道，拖延症给我的生活带来了多么大的影响。

而促使我真正开始改变的是这样一件事：

我清楚地知道我母亲的生日，我几乎是提前一个月就想起来了，然后我想我应该给她准备一份礼物，我初步的想法是去首饰店给她买一件金饰，但是我的拖延症使我在她生日的当天都没有买。

在离她生日还有两天的时候，我想即使现在买也来不及寄到她手里了，于是我就没有买。我告诉自己下次吧，下次回家的时候再买，先电话祝福她生日快乐好了。

我母亲生日的那天早晨，我想工作太忙了，中午再打电话吧。

结果到了中午，客户那边出了问题，我手忙脚乱地终于解决了。因为心情还停留在事情中，所以决定晚上再打。

等我结束一天的工作已经是晚上9点，我想这会儿说"生日快乐"也来不及了，太晚了。

于是我什么也没说。到了晚上10点，我母亲给我发了一条信息："我今天生日过的很开心，不要惦记我啦。你专心工作，不要太累了。"

看到短信的瞬间我的眼泪流了下来。开始是默默地流泪，后来是号啕大哭。

对母亲的愧疚，对自己行为的懊悔，对拖延的痛恨，让我决定改变这种现状。

我阅读了很多的心理学资料，才明白拖延症其实非常复杂。

拖延是我们对压力的抗拒和回避，但是回避只会带来更大的痛苦。

拖延症患者往往深受其苦，我知道的所有拖延症患者都非常痛恨自己的拖延，但就是不知道如何改变。

拖延的客观因素：20%

有一部分人，拖延是因为他们具有一定的抑郁倾向，而拖延的过程和结果也会加重抑郁。对有抑郁倾向的人来说，只能先解决抑郁的问题，再来解决拖延。

拖延还和注意力缺陷以及缺乏自控力有关。

缺乏自控力并不可耻，必须明白的是：意志力本身是有限的资源。

如果你的意志力在某件事上消耗完了，在另外一些事上就会缺乏。

这些都是拖延的客观因素。

拖延的主观因素：80%

拖延的主观因素则占了80%，我们的绝大多数问题都是心理问题。

无论是对自我的不信任，觉得所做的事情缺乏价值，还是完美主义，如果不能克服心理问题，那么再多的下定决心也只是口号。

拖延的主观因素占了 80%

为什么我们会拖延？

主观因素 1：低期望值——缺乏对自我的自信，不愿面对压力

一个典型的拖延症患者的一天是这样的：

卡着时间到了办公室，打开电脑，倒咖啡，然后先看看新闻，再去自己熟悉的论坛或社交网站看看有没有新的信息，光是浏览无关的内容就会花掉一个小时。

然后上司催促交策划案——上星期就要求做的策划现在还没动笔，截止日期是后天——显然很紧急了。虽然上司的催促令自己感到压力，但是还是磨磨蹭蹭不想写。还是下午再写吧……要不做自己喜欢的事情？于是恋恋不舍地关闭了网站，然后开始做自己喜欢的工作，类似于联系一个自己喜欢的客户或者做一下下周的工作计划。

就这样，一个上午过去了，然后一个下午也过去了。最后还是什么也没写，直到第二天才开始加班加点地写。

主观因素 2：低价值感——觉得自己做的事情没有意义

当你对自己要做的事情评价较低，觉得它没有什么意义时，你就会下意识地拖延。

我第一次真正尝到拖延的苦果是在我工作的第二年。我工作第一年的时候还是很有活力的，但是日复一日的工作让我觉得非常累。有个客户并不懂行，还非常难缠，和他打交道让我觉得很痛苦，每次都要花大量时间在非常基础的事情上，我觉得我那时做的事情都是没有什么价值又非常耗费精力的事情。

"和这样的人合作没意思……和这样的人合作也让人痛苦……"

这种想法使我对自己的工作感到厌恶，所以我选择了拖延。每次处理和这个难缠客户有关的事情，我都会有意无意地拖延。并不是想为难他，只是不愿意和他有任何接触。

后来我们终于谈好了一个合同，他把合同发给我，让我审核后再发回去。

本来几分钟就能做完的事情，出于奇怪的心理，我日复一日地拖延，直到他非常生气地打电话过来，我才不得不去下载那个合同，这时最尴尬的事情发生了：因为已经过去一个月，这个邮件的附件已经无法下载了！

我硬着头皮让客户再给我发一次合同，我想客户也是第一次遇到这样不靠谱的事情。结果客户对我彻底失望，直接取消了这次合作。

我内心不认可那个客户（现在想起来他除了有些外行、苛刻以外也没有特别不好的地方），进而开始不认同自己做的工作。

主观因素 3：完美主义——不能承受不完美的后果

你是否想过：

当你拖延的时候，你究竟在拖延什么？

你也知道你在逃避，但是你在逃避些什么呢？

为什么我们总是倾向于把事情拖到最后一刻才做？

如果你最喜欢的美剧更新了，你肯定不会拖个三五天再看；如果你喜欢的人约你出去吃你最爱吃的火锅，你也不会拖到一个月后。

拖延的对象，常常是那些让我们感到压力大的人或事。

越是完美主义，越容易陷入拖延的陷阱

崇尚完美主义的人常常伴有深度的焦虑，总是担心自己做的事情不够完美，担心自己做得不够好——完美主义的拖延是低期望值成因拖延的另外一种变化形式。

如果我做得不够完美，就是我的失败——不完美说明我不够出色——我不愿意面对这种未知的失败，所以裹足不前。

我有个朋友在准备毕业论文。这个朋友在平时是当之无愧的学霸，但是他本来最为看重的毕业论文却迟迟不动笔。

我对他说："这可不是你的风格，你不是永远第一个完成作业的吗？"

他说："我还需要再准备准备。"可是我知道他身边的同学这个时候都已经开始写了。

又过了一段时间，我觉得时间差不多了，就问他毕业论文的准备情况。他沮丧地说："我还没开始。我觉得我没办法顺利写完了。"

我很惊讶，他在上大学期间已经发表很多文章了，为什么毕业论文却不能顺利写完？

于是，我催促他快点着手写。

大概过了两个月，他打电话跟我说："终于在截止日期前把论文交上去了！我今天早晨才写完，然后连忙上交了。就差两个小时！"

我觉得有必要和他好好谈谈，于是我们约了个时间见面。

我问："你为什么拖到最后才写呢？"

他答："我很害怕写出来的论文不好。我对自己的要求很高，我希望能够达到发表的水平。但是时间过得越长，我的信心就越不足。我的头脑被各种论文无法通过的想象充斥了……我想：我完蛋了，我大学白上了……老师会怎么说我？他还愿意收我做研究生吗？他肯定不会了……这些想法让我觉得整个人失去了价值。这一想象让我不能呼吸，所以我需要赶紧做点别的事情，来驱散这种恐惧。于是，我又刷了一遍《生活大爆炸》，和朋友们出去吃喝玩乐，宁愿到操场跑步也不想去图书馆念书……总之我要做点别的事情。直到临近截止日期，到了我不得不马上开始准备、否则就不能毕业的时候，因为紧急和慌乱，这些念头终于不再缠着我了。那时我脑海中唯一的事情就是赶紧写、赶紧写，我的完美主义也不再作祟了，然后我才把它完成。不得不说，这感觉太糟糕了。"

表面上我们在逃避工作、逃避学习、逃避责任，实际上我们逃避的是头脑中的幻想，而所有幻想都是关于未来的失败。

"当你拖到最后一刻，你必须得做了……"这一刻想象给现实中的紧迫让位了，完美主义给"完成"本身让位了，脑海中只有赶快干而没有无限的负面想象。世界终于安静了，真好。

但是这却是一种恶性循环，我们越品尝拖延的苦果，就越对它上瘾。

我说："就算你的论文不成功，也不意味着你大学学业是失败的啊。你被自己脑海中的想象吓到了。"

一个实际的小小困难（写毕业论文），却被他想象成了人生中的大失败、

走下坡路的转折点，实在是可怕的想象力。这种想象，常常出现在所有有拖延症的人身上。

不要被它吓到了！

人生或许很残酷，工作和学习或许很可怕，但是再可怕也没有我们脑海中的想象可怕：不会比我们脑海中编造的未来剧本更骇人，也不会比我们心目中对自己的批评更糟糕。

为什么我们学不会自律？

自律的核心是延迟满足。

绝大多数拖延症患者都属于冲动型拖延

我曾经查阅过这样一份资料：大多数拖延症患者都属于冲动型拖延，在及时行乐和及时处理问题之间，他们都倾向于选择前者。

这种高冲动和成长道路中的不良反馈有关。同时，他们对自我的期望也非常低：他们不相信自己的能力，也觉得自己做的事情没有价值。最重要的是，他们很难察觉到：他们对自我的期待、对自己做的事情的认可度都低得可怜。

没有一个拖延症患者是不自卑的。平时这种自卑也许会藏得很深，但是在需要做事的时候，这种自卑就显现出来，以拖延的形式彰显自己的威力。

如何对抗拖延：停止恐慌，并重新设置快乐和痛苦的次序

当你充分了解了拖延的原因，它就不再可怕。不过，要对抗拖延，却需

要几个步骤：

停止愧疚和恐慌：敌人都是纸老虎，拖延症也是。

重新设置做事的次序：不喜欢的事情提前做。

逐步增加自信：你成功的次数越多，你离拖延就越远。

从根本上改变认知：察觉自己在拖延以及自己究竟在回避些什么。无论因为什么让我们产生拖延行为，都要及时进行纠正。

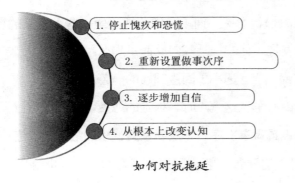

1. 停止愧疚和恐慌

2. 重新设置做事次序

3. 逐步增加自信

4. 从根本上改变认知

如何对抗拖延

第 1 步：停止愧疚和恐慌——放松是治疗拖延的重要手段

愧疚和恐惧只会加重拖延。

对拖延症来说，有些我们常见的认知是错误的。

比如"愧疚可以改善拖延"，而事实恰恰相反，愧疚会加重内心的压力，而压力只会让人更想逃避，使拖延恶化。恐惧也会加重拖延，"再拖就来不及了""再这么下去我就完蛋了"等作为负面暗示，并不会使人积极起来，反而会使人压力更大。

所以，我要对你说：在某些领域的失败并不决定你整个人生的成败，不要把拖延看得那么严重。虽然它是个亟待解决，也一定要解决的问题，但是拖延症的存在并不能否定你整个人的价值。

拖延症并没有你想象的那么可怕。

要知道：我们的任何看起来不符合常理的选择，其实都是当下最符合我们利益的选择。我们选择拖延，是因为拖延在当下的我们看来，可以帮助我们回避问题和痛苦。

告诉自己：拖延是有益的，但是拖延的害处要大于益处，所以我要改变拖延。而不是：拖延是绝对有害的，拖延会毁了我的生活。

不要在任何事物上加诸恐惧，因为这毫无益处。

当你真正进入放松状态——而不是逃避或者做一些无意义的事情假装这是准备动作，你会发现，你的拖延倾向反而不那么严重了。

直面问题的痛苦，要远远小于回避问题的痛苦。

当你发现并从内心承认这一点时，拖延的恶魔就自然而然放开你了。

第 2 步：重新设置做事次序——重新设置快乐和痛苦的次序

先承受直面问题的痛苦，解决问题，然后再享受问题解决后的轻松和快乐。

如果我们在童年获得了很好的照顾和教育，那么通常能养成自律的习惯。

先从自己最不喜欢的工作做起。

改善拖延行为，可以从"先做自己不喜欢的工作"开始。

如果能在上班的第一个小时，立刻、马上就做自己最不喜欢、最难的工作，那么做完它之后，一整天都会感到愉悦和轻松。方法只有一个：上班后立刻、马上去做！不要看完新闻做，也不要倒完咖啡做！打开电脑就立刻做！你会发现，一旦自己开始做，压力立刻就小了！

上班 8 个小时，如果每天自己最不喜欢的工作要花费一个小时，那么放在一开始就做，一天的工作时间就会变成：一个小时的痛苦和 7 个小时的轻松。但是拖到最后才做，就会变成：7 个小时的轻度痛苦（拖延带来的心理压力）和一个小时的痛苦。

哪个更划算，一目了然。只要你坚持这么做，几天后你就会感受到自己的变化：因为压力的减轻，你会更喜欢上班，也会更有活力。

如果工作特别难，可以通过目标管理，把工作细化成很多可以掌控的小块，而后一小块、一小块地去处理。

第 3 步：逐步增加自信——通过小的进步增加自信

联想集团总裁柳传志在演讲中曾经把联想培养人才的方法比喻成"缝鞋垫"和"做西服"。

他说："培育一个优秀的战略型人才和培育一个优秀的裁缝是一样的路线，总得从简单的事情做起，你不可能一开始就让一个裁缝学徒去做西服，再有天分的学徒也需要从缝鞋垫做起，一步步进化到做短裤、裙子、衬衣，直到本领全都掌握才能做西服。"

对抗拖延也是如此，要从最小最简单的事情做起。

第 4 步：从根本上改变认知——真正改变拖延需要调整自我的认知

可以通过以上 4 个步骤，来改善和对抗拖延行为。但是真正从我们的身体里拔除拖延的基因，则需要漫长的自我认知调整。

学会保持内心的觉察，及时感触自己为什么想要拖延，促使我们拖延的无论是缺乏自信，还是缺乏对自己做的事情的价值认可，都需要及时被发现和纠正。

在这个过程中，每一次察觉、每一次进步，都可以增加自信。

同时，也要增加对自己做的事情的肯定。你所做的事情，绝不是毫无价值的。因为如果真的完全没有价值，你也不会去做。

学会挖掘自己工作的价值，比如：客户虽然难缠，但这是我锻炼的机会。

再不济：客户虽然难缠，但是解决他是我的工作，我的工作是我的饭碗——再也没有比饭碗更重要的事情了。

告诉你一个秘密，我营造自己工作价值感的方法就是告诉自己："这都是钱。"

虽然这样很世俗，但是确实很有效。

在这个过程中，我们及时肯定自己的努力，及时为自己做的事情增添意义。这样，你的自信每多一点儿，你离拖延就会远一点儿。

重新控制自己的人生，从不再控制别人开始

我朋友的母亲是一个控制欲很强的人，而我的这个朋友从小就不愿意受约束，所以她和母亲矛盾重重。在她母亲的眼里，她的"青春叛逆期"同其他孩子相比要长得多。直到现在她还经常会做出被她母亲视为"叛逆"的行为，在她被她母亲指责之后，她才会意识到自己又叛逆了。

其实她的母亲在绝大多数情况下，都觉得自己这么做是为了她好，但是这位母亲并没有意识到，在这种"为你好而控制你"的思想后面，是有更深层次原因的。

曾经有一段时间我的朋友和母亲的关系非常糟糕。我的朋友一直是个学霸，被保送到了一所重点院校，就读医学。选择就读医学实在是个错误的决定，因为我的朋友很讨厌当医生，非常害怕消毒水的味道，同时她的心理承受能力差，悲悯心又强，完全受不了看到患者的病痛和死亡。

学医的那一年，她整个人无论健康状态还是心理状态都非常差。我一开始是不支持她放弃现在的院校、现在的专业的，但是有一天我去她的学校找她，远远看到瘦得脱了形的她，从那天起我开始支持她。我相信这个世界上真的有"某人不适合某事"以及"沉没成本"这种事，如果继续这样下去，她只会失去更多。

但是朋友的决定却遭到了她母亲的强烈反对。她母亲很早就和她父亲离婚了，一个人带着她，最大的愿望就是她长大后能出人头地。朋友的母亲一直认为朋友的人生道路应该按照自己规划的人生轨迹进行，突然出现这样的一个转折，对她来说无异于晴天霹雳。

所以当朋友告诉母亲不想学医时，她的母亲几乎陷入疯狂状态。在朋友的母亲看来："你什么都不要做，就按照现在的轨道那么走都做不到吗？为什么你就不能听话呢？"

"你突然搞这么一下，我无法接受！你敢退学我就去死！"

朋友母亲的话给我的朋友带来极大的心理压力，她开始在退学还是不退学、听话还是不听话、去死还是不去死之间摇摆不定，是的，那会儿我这个朋友几乎想到了自杀。

而给这一切推波助澜的，是她母亲时常打来的电话："因为你，我都很久没睡过好觉了。""我昨天晚上因为你的事情又失眠了。"或者"因为你的事情最近我的身体又不好了。"又或是"如果不是你的原因，我的心情不会一直都这么糟糕。""因为你我都不想活了！"

她的母亲希望通过让女儿做出改变，进而改变自己的情绪。当她感觉到沮丧时，那是"因为你才让我失望"；当她感到愤怒时，那是"你让我感到愤怒"；而当她觉得焦虑时，那是因为"你的行为让我不安了"。因为这些负面情绪，她自己无法控制，所以当负面情绪出现时她就会打电话告诉我的朋友："因为你的原因，我的心情十分不好，只有你做出改变，我的情绪才能变好。"

直到有一天，朋友不堪重负而自杀，她的母亲赶到病房吓坏了，在短暂地推卸了一会儿责任——"你真是快把我弄死了""因为你我真的活不下去了"——之后，她的母亲终于同意她重新选择专业。

我们无法控制自己的人生，所以我们需要借助别人的力量

我的母亲在我小时候也常常对我说："我曾经也有自己的理想，但是因为你的出生，让我把自己的梦想都放弃了。"

在母亲眼里，我需要对她的情绪以及人生负责。后来我开始明白，我们想要控制别人是有原因的，当我们对自己的价值产生疑惑时，就想要得到别人的安慰或者肯定。所以我们就想要去控制别人：因为你我才会有了这些负面情绪，这种情绪我自己没有办法处理，那么就需要你做出改变，我的情绪才能变好！

后来我发现自己其实也是这样。当我做决定时，我非常希望得到母亲的支持，如果不能得到她的支持，我就会非常沮丧地告诉她："你没有给我信心，这让我非常难过。"

我同样也对自己产生怀疑，对自己不够信任，所以想要通过他人给予的支持来建立信心。

心理学家 David Schnarch 提出："一个人拥有一个兼具稳定且不断成长的自我时，他才不会想要控制他人。"

稳定的自我：不会因为受到外界的影响而改变

我们首先需要知道稳定的概念。稳定的自我指的是一个人的自我价值感非常稳定，不会受到外界的影响。

举一个很简单的例子：拥有稳定自我的人，对自己价值的评价不会建立在任何人对其评价的基础上。比如说：追求异性被拒绝，对大部分人来说都是一件悲伤的事情，在被对方拒绝之后，自我价值感可能会突然降低，会对自己失去了信心。但是一个自我价值感稳定的人不会出现这种情况，他们面对异性的拒绝，更多的是感觉双方不合适。

而对那些将自我价值建立在他人的反馈上的人来说，谈恋爱被拒绝这种事情会让他们在很长一段时间内都十分失落。因为他们认为被对方拒绝是因为自己的原因，自己不够优秀，长相不够出众，所以才被拒绝。

不断成长的自我：我愿意进步和自我更新

不断成长的自我似乎与稳定的自我互相矛盾，但实际上它们是相互辅助的，缺一不可。不断成长的自我指的是你对自我的概念能够随着变化而改变，不断更新。比如之前你对自我的概念是"我是一个热爱学习的人"，根据这个自我概念，将所有的娱乐活动拒绝，这样你的自我概念就是固化的。一个自我概念不断成长的人愿意不断地进行新的尝试，让自己成长。

我们可以再举一个非常简单的例子：虽然我们每个人的性别都是固定的，但是两种性别的性格在我们身上是同时存在的。如果你是一个男性，那么你会尽可能地不在其他人面前流眼泪，因为你自己认为这种行为不符合你的男性特点；假如你是一个女性，在公司中虽然有些自己力所能及的体力劳动，但是因为怕被别人认为是女汉子，不符合自己的性别特征，所以不敢参与。这些都是自我概念固化的表现。一个自我不断成长的人能够在不同的环境下表现出不同的自我，同时能够将自己的男性一面和女性一面在恰当的时候表现出来，这就是不断成长的自我的一种表现。

所以稳定并且不断成长的自我，就是指一方面我们对自我价值的判断不会被外界评价所影响；另一方面，我们的自我概念不会受到约束，能够在不同的情况下表现出恰当的一面。

那么稳定而不断成长的自我同喜欢控制别人之间又有什么关系呢？

我们想要控制他人，也许是因为自我太虚弱

有稳定而不断成长的自我的人，会把更多的精力放在自己身上；而那些习惯于控制他人的人，无一不是自我太过虚弱。

在人际交往的过程中，不要尝试去控制别人，这点非常重要。

当你不再需要他人向你讲述自己的秘密，以此来证明他是一个让人信赖的人，他不愿意将自己干过的坏事跟你说时，你也就不会感觉到受伤；当你不需要通过别人的夸奖来证明自己的价值，别人对你没有表达夸奖时，你也就不会感觉到沮丧；当你不需要通过别人的感激来让自己感受到做好事的意义，别人没有对你说出感谢时，你也就不会因此而愤愤不平。

当我们的自我价值感一直很稳定时，我们便有了足够的自信不再需要去控制别人。因为我们知道：自身的价值并不会因为他人的态度而发生变化，我们存在就是有价值的，不需要通过他人的赞美来肯定我们的价值。

学会自我控制，而不是控制别人

什么是好人？好人首先要懂得照顾自己的感受，并且爱护自己，而不是一个为了满足其他人而牺牲自己的人。

学会了控制自己之后，就不再需要想方设法地控制别人。

稳定并且不断成长的自我价值感需要不断地练习，成功的道路还很长。

我自己一直在坚持练习，因为我知道你一直都陪伴我前行。

建立一套完整而且有弹性的人格系统

通常我们更愿意和情商高的人打交道，而同样的人生旅程，拥有高情商的人走得更远更顺畅。

但是这里，比高情商更精确的说法是："拥有一套完整而且有弹性的人格系统。"

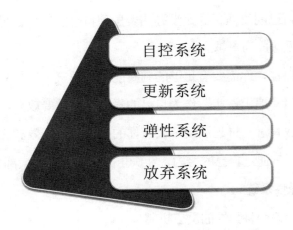

完整且有弹性的人格系统包含 4 个系统

完善自己的人格系统是非常重要的，完整且有弹性的人格系统包含 4 个系统，每个系统都非常重要。缺乏任何一个系统，我们的人格都会有缺陷。

系统 1：自控系统

自控系统是人格系统中第一位的系统，一个没有自控系统的人在人生路上吃的亏、受的苦多得难以想象。

缺乏自控系统的女性可能会早恋、中途退学，有些女性拥有家庭后，仍然无法控制自己，也没办法更好地教育下一代，那些歇斯底里的女性家长就是这一类人。

而缺乏自控系统的男性则更为糟糕，他们可能会极早辍学，成为不良少年，长大后成为无业游民。

绝大多数人都拥有自控系统，区别只是它的运转情况是否良好。我们应该努力让自己的自控系统变得完美。

如果自控力弱，我们就会放纵；如果自控力太强，我们又会沦为"好好先生"，或者成为那种过分守规则不知变通的人。不知变通的人一方面承担了太多不属于自己的责任，导致没办法聚焦到自己的目标，另一方面因为不知变通，永远无法成为卓越的人。

想要做到自控，你需要有足够的判断能力和勇气，这是一项既困难又复杂的工作。你将"追求诚实"作为自己的责任，就需要放弃一些不应承担的责任。将眼光放长远，推迟满足感会让你的生活变得高效和充实，同时当下的生活也要过好，通过自己的努力，让快乐占据你人生的大部分时间。

系统2：弹性系统

我们需要建立一种弹性的反应机制。

我们可以用愤怒举例，比如说：当我们感觉自己受到了侵犯，或者因为一个人、一件事情感觉非常失望时，我们就会愤怒。这时我们该如何选择？是暴跳如雷奋起反抗，还是默默承受忍耐下来？

不同的情况、时机和环境，需要不同的应对机制，这就是弹性。

愤怒本身有着非常积极的意义：我们想要正常生存下来，愤怒是不可缺少的一种情绪。一个不会愤怒的人将被其他人压迫欺负，无法正常生存。

在很多情况下，正面冲突又会让我们的处境更为不利。

你需要让你的判断力来控制住你的情绪，提醒自己保持理智。在如今这个社会当中，想要顺畅度过人生，需要有产生愤怒的能力，同时也要有控制愤怒的能力。

有时候可能需要我们暴跳如雷，有时候则需要我们平静面对。是否要将自己的愤怒表达出来，应该取决于事件的性质、时机和场合，为此我们需要一套完整应对各种情况与场合的情绪系统，来提高我们的情绪表达能力。

很多人一直到进入中年才学会如何正确地表达自己的愤怒，这并不奇怪。一生都不知道如何正确地控制和表达自己的愤怒的人也有很多。

系统 3：更新系统

我们需要在成长中绘制自己的人生地图，并且不断进行更新。

绘制自己的人生地图，要求我们最大限度地尊重事实。

而尊重事实则要求我们能够真实地看待问题，将虚假部分彻底抛弃。我们清晰地了解了事实之后，解决问题才会得心应手。没有认清事实就着手解决问题，只会让我们越解决越糟糕。

我们对于现实的认知就如同一张地图，如果地图十分准确，那么我们很容易就能从地图中找到自己所在的位置，但是如果地图中有虚假的地方，那么我们就无法找到自己真正所在的地方。

道理非常简单，也很容易理解，但很多人对此并不重视。我们在出生时对这个世界并不了解，但为了能够更顺利地在这个世界中生活，我们需要了解这个世界的事实，绘制出一幅属于自己的人生地图。当然，努力是必不可少的，没有付出就没有收获。

我们越努力，地图就越精确。我们越努力地了解这个世界的事实，我们所绘制的人生地图就越精确，这对于我们今后的成长道路尤为重要。而如今很多人明显对于认识事实缺少兴趣。

有些人刚成年就放弃了人生地图的绘制，这就造成他们对于世界的认识是不正确的、片面的、狭隘的。很多人过了中年就认为自己已经了解了够多的事实，自己的人生地图已经绘制得相当完美了，对于新鲜事物产生不了兴趣，似乎对人生已经很疲惫了。只有很少一部分人能够不停地探索努力，不断地更新自己对世界的认知，直到自己生命的尽头。

人生地图的绘制非常艰难，因为我们要不断地更新修订，才能让地图的内容更加准确真实。

世界在不停地变化，冰山随着温度的变化出现之后又消失，文化随着时间推移产生又流失……我们观察这个世界的角度也在不断变化和调整当中。

当我们从嗷嗷待哺、完全依赖父母的孩子一点点成长，成为充满力量、被他人所依赖的成年人时，我们看待世界的角度会变化。

但当我们受到病痛或者年龄的影响时，力量就会逐渐消失，变得虚弱无力，需要依赖他人。

这些变化都会让我们的世界观发生变化。

让你的人生地图和你一起更新。

当我们贫穷的时候，世界在我们眼中是一种样子；当我们富足时，世界在我们眼中又是另外一种样子。每天都会有新的资讯、新的知识，想要接受吸收它们，我们的地图就需要不断进行更新。

当新的资讯越积越多时，我们只能对地图进行大规模地更改，这让我们更新地图的工作变得很困难，有时还会让我们感到非常痛苦，这甚至成为很多的心理疾病的病因。

人生短暂，我们只是想顺利过完这一生。我们从孩童到青壮年再到中老年，经过不断努力才形成了目前的世界观，形成了自己的人生地图，似乎已经很完美了。但是随着世界的变化，新出现的信息有可能会和我们之前的观念产生冲突，需要我们对之前已经绘好的人生地图进行大幅改动，这时我们就会感到恐惧，于是就采取逃避的态度，对新的信息视而不见。

更有的时候，我们对于新的信息不仅采取拒绝态度，还加以指责，指责新的信息是错误的，是异端邪说。我们想将世界的一切都控制在自己的手中，让其符合我们已经绘制好的地图，并拼命捍卫自己已经过时的观念，却从不考虑自己的地图是否需要更新，这是一件非常可悲的事情。

系统 4：放弃系统

要想变得成熟，得学会从相互冲突的目标和责任中找到一个平衡点，这就要求我们必须不断地进行自我微调，维持矛盾间的平衡。

学会放弃，这对于保持自我平衡来说非常重要。在人生道路上放弃一些东西必然会让你感到痛苦。十岁的时候我因为贪恋下坡加速的感觉，不愿意将这种感觉放弃，最终让我领悟到了失去平衡所带来的痛苦。

放弃发怒、放弃享受，这些都是比较小的痛苦。人生还有一些大的痛苦，比如说放弃固有的观念，放弃已经定型的人格，放弃根深蒂固的行为模式……最痛苦的，无异于放弃自己的人生理念。

任何人在经历人生当中的急转弯时，都必须放弃一些东西，放弃那些原本属于自己的东西。不愿意放弃只会有两个结果，要不就是远离急转弯，停在原地，不再前进，要不就是冲出道路，摔个鼻青脸肿。

很多人不愿意放弃，他们贪图享受，不愿意承担放弃享受带来的痛苦。

但是，想要获得自我的成长，学会放弃是必需的，虽然在整个过程中，你会像蜕皮的蛇一样痛苦不堪，但是当你从里面钻出来时，便获得了成长和新生。

最重要的课题：找到心的方向

你的心的方向是向外，还是向内？

有个人问："我很好强，在任何方面都不想被别人比下去，所以我现在压力非常大，怎么才能改变这种情况呢？"

如果你努力工作，是因为喜欢自己的工作，那么你就会在工作中越来越有活力、越来越快乐。

如果你努力工作，只是想比别人强，那么你工作时就会越来越辛苦。

总想比别人强，是因为你在潜意识中对当下的自己并不认可，你对自己进行审视、批判和谴责。

"你现在可不行啊，你得比现在更好才行。"

"你做得远远不够呢，你要超过别人啊。"

"为什么你就是不优秀？"

这种谴责，一开始是你内心对自己的批评，慢慢就会投射到外界，你会很快进入认为别人也不认可你的状态。

我们的心就好像一个投影仪，你内心的想法是什么，映射到外界你看到的就是什么。

只有内心缺乏自我认可的时候，才会转向外界，去寻求外界的认可。这无异于缘木求鱼，你的问题出在内部，你却向外部寻找答案。

这种缺乏自我认可，转而向外界寻求认可的行为，常常是童年经历导致的。如果你在童年时期没有得到足够的认可，在生长环境中没有得到足够的鼓励，你就很难建立自信，你的内心是缺乏自信和力量的。

那些小时候常常被父母和别人家孩子做对比的孩子就是如此。

"你看看别人家孩子，你再看看你。"

再也没有比这句话更能激起愤怒、忧郁，打击自信的了。

当父母总是对孩子这么说时，即使孩子仍然感到愤怒，但是内心还是条件反射地建立起了不自信的机制。

长大以后，就会喜欢和别人比，通过比别人强，来建立自我的力量感；通过从外界寻求认同感，来弥补童年时没有获得的认同感。

但是，这条路终究难以抵达终点，因为你总会遇到比你更优秀的人。即使你打败了周围的 100 个人，获得了巨大的满足和力量感；当你遇到比你强的第 101 个人时，你的自信还是会瞬间崩塌。

停止向外寻求：其实外面什么也没有

其实外面什么也没有，你想要获得的，都藏在自己的内心里。如果你想要获得认同，那么自己给予自己。

想要获得成就感，那么通过完成工作、完成每一件小事来获得。

我有个小本子，上面记录了我每天的成就。每做完一件事，我都会在上面简短地添上一笔：

今天教学工作很顺利。

成功联系了一个客户。

参观了一个学员的新店，感到非常高兴。

中午吃饭没有剩饭。

今天走了 15000 步，超过了计步器给我定的目标——10000 步。

这些简单的记录，就能让你有非凡的成就感。

你会创造出什么，取决于你自己

人生道路该如何走，其实是你自己选的。你能创造出什么，我想也取决于你自己。

我的学生之中有一个例子：这个女孩是一名化妆师，从事这个行业已经一年有余了。

谈起她为什么学化妆，也是一个巧合，最初她是在事业单位工作。2011年，她被单位委派到了深圳办事处，因为单位在这里接了5个项目，采取的是管理层调派、一线员工招聘的办法。她的职责是接洽项目负责人，协助项目的管理。项目初期是比较忙碌的，后期就比较清闲了，经常四五天都没有工作做，当然，工资还是照常领。

她的性格是喜欢新鲜事物、喜欢工作的，这样清闲的工作状态让她非常不适应，事业单位的人事倾轧也让她感到力不从心。

为了散心，她就想学点技术。作为女孩子，学化妆对自己也很有用，反正是打发无聊的时间。刚好妮薇雅离她公司驻地很近。她来参观了一次，就开始在妮薇雅学习化妆。

我注意到她很有天赋，这种天赋是对美的触觉，于是常常给她开小灶。对她来说，一开始是把化妆当做业余爱好的，即便毕业后，她也没有想过要做化妆师。自己工作干得好好的，干吗要转行啊？

契机是这个女孩的一个朋友要结婚。朋友结婚，这个女孩每天都跟着帮忙。那天朋友去化妆，准备拍摄第一组照片，她一看那个化妆师的手法，就觉得不对。

因为她朋友的脸本来就比较平，没有立体感，有些部位用深一些的粉底，才能显出立体感，才能更好看。可那化妆师用的都是一个色调。后来一拍，果不其然，她朋友的脸成了一张平平的大饼，还没有真人好看。于是她说："这化妆师技术不行啊。"朋友看她抱怨，就说："没关系的，我一直都不怎么上相啊，你知道的，别错怪人嘛。""要不我试试，化不好再让化妆师给你补妆。"朋友答应了，第二组是复古的风格，她朋友穿的是艳丽的红旗袍。她坐在化妆台那儿，开始根据朋友的特点给朋友化妆。首先，朋友的脸比较平，需要在腮下和鼻子调下不同的色调，显现立体感；再来，是拍复古的照片，脸一定要红一些，面若桃花，眉间点几个花瓣。她用心地给朋友化妆，感觉自己是在塑造一件艺术品。最后化完妆，不仅朋友自己越看越喜欢，那个化妆师也忍不住多看了几眼。

照片拍出来以后，朋友自然是对她的手艺赞誉有加，影楼老板也叫那化妆师多跟她学着点。化妆师问她在哪里高就，以为她是同行呐。

这一次的小试牛刀使她建立了信心，也让她在朋友圈出名了。朋友需要盛装出席时，基本都找她化妆了。她被人夸多了，自然就有信心了，本地的那些化妆工作室她也去看过，对比起来，她觉得有信心做好这份工作。

业余化妆事业的风生水起，也映衬了她在本职工作中的落寞。事业单位的清闲太让她难受了，收入也属于吃不饱也饿不死的状况。

她寻思着辞职。前面说过，她属于闲不下来的性格，她觉得这简直是在浪费生命，她想辞职做化妆师，做一份自己的事业，进入有收入、有兴趣的行业。

她回到家跟父母谈这事，自然是被反对：铁饭碗的工作你不要，去搞那些，能挣几个钱……

她给出的理由很简单，在事业单位虽说稳定，但一辈子就只能那样，没关系，是没办法晋升的，只能依靠工作职务获得报酬，与她个人的能力无关。而她自己做化妆师却不是如此，她有一分钱的能力，就会挣一分钱，能力永远是只进不退的。她自己有这个能力，那才是稳定，那才是一辈子有饭吃，况且她不喜欢在事业单位里浑浑噩噩地度过一生。

父母见她固执，也不愿多说，只叫她先办个停薪留职，去闯一闯，做不好再回去上班，这样也甘心。

2012 年 6 月，她的店开业了，一开始为了节省费用，她租了一间只有 8 平方米的小门店。虽然艰苦，也乐在其中。她偶尔会接一些个人的单，再就是跟几家婚庆公司、影楼合作，每天忙得不亦乐乎。

她化妆的方式跟别人不一样，她是首先从客户的缺陷入手，寻求弥补客户缺陷的方法，哪里不好看，就专门找哪里；其次看客户什么部位好看，再锦上添花；最后按照客户拍照的要求进行妆点，欧式的、东方的、甜美的、妖娆的。

刚开始，她跟客人讲你这里不好看，那里不好看，怎么怎么修饰时，客人第一反应就是阴着脸。当她给客人讲解她打算怎么来处理这些不好看的部位，让这些缺陷变成优点，变成特点时，客人又总是笑逐颜开。当然，最关键的还是化出来的效果，若客人觉得好，自然就肯帮忙宣传。她从来没有打过广告，都是凭口口相传，慢慢的小店的生意越来越好。

她觉得化妆师是魔法师，让不同的人展现出不同的面貌，让人体会到自己不同的一面。目前她还没有什么特别大的目标想去实现，她说能做自己喜欢的事情，已经很知足了。化妆师是自己喜欢的工作，她觉得每天都过得很有意义，收入上也比之前的稳定工作更高。

你能创造出什么样的成果，你会走什么样的路，这些都取决于你自己。

第九章

就做不同：
生活的广度其实等于你内心的宽度

那些最聪明的人，他们的专注点永远在当下。

要改变贫穷以及贫穷带来的种种劣势，并没有想象中艰难。因为，你可以比自己想象中更强大。

看着脚下，继续前进，才是获得人生幸福的最终法则。

让每件小事成就未来的你

我也曾有年轻懵懂、不知道未来方向的时光。

但是，现在想起来，我进步最快、收获最多的时候，就是我对未来一无所知的时候。我在那些时刻做出的努力，后来都一一回报给了我。

年少的时候，最重要的是让每件小事来成就未来的你，让那些你每天都在做的、习以为常的事情，成为你未来的助力。

这么多年过来，我有几点感悟放在这里与大家分享。

功不唐捐

你的努力不会是白费力气，也许是工夫到了自然会水到渠成，也许是无心插柳柳成荫。所有你的努力，都会在未来的某个时刻以某种方式回报给你。

所以当你感到迷茫的时候，一定要尽量多做一点儿事情，因为你不知道哪件事情会决定你的未来。

迷茫并不可怕，如果不知道自己大的战略方向，可以从小的目标开始。

比如学会一项技能、提升自己的英语能力、每天坚持走 10000 步、去报名一个略有难度的考试、和朋友一起做一个项目……

在这个过程中，你会慢慢看到自己内心的方向，看到自己未来的路。

善待你周围的人

我走到今天，其实家里并没有什么背景，我是普通的农村孩子。但是我一路上遇到了很多贵人，他们对我有非常大的帮助。

曾经有一次，我签一个合同，跑了很多次都没签成。其实是对方经理想多要回扣，他清楚，我也清楚，但是我舍不得也给不了那么多回扣，只能耐着性子慢慢磨。

直到有一天，我去的时候他们公司还没开门，我穿着套裙和高跟鞋，在院子里等着。

一个大爷在那儿扫地，扫着扫着可能是被灰尘呛到了，他开始咳嗽。我看了看周围没有人，就过去帮他拍了拍。

他缓过来后向我道谢，我并不为意。

他看了看我身上的裙子有点脏了——可能是帮他拍的时候蹭脏的，他有点抱歉。我就随手掸了掸，说："没事。"

然后大爷也不扫地了，我们就聊了会儿。

先是说了说天气，说了说经济形势——别笑，扫地的大爷就不能关心金融危机吗？

我们聊得还算投机，然后他问我："这么早来干吗？"

我抖抖手里的包，说："有个合同不太好签。"更细的我也没说，也没必要。

大爷点点头，也没再问。我们就继续聊了一些无关紧要的。

到了9点多钟，员工都来上班了，我还是在门口等经理。

公司经理来了，看见大爷，叫："爸。"

大爷点点头。

我挺吃惊，原来世界上真有"扫地僧"这么回事啊。

然后大爷指了指我对经理说："一早来等着签合同的。我刚才扫地呛着了，小姑娘帮我拍了拍。"

经理点点头，然后把秘书叫了过来："你去陪着办吧。"

这事儿就这么简单地解决了。说起来很像个鸡汤，但是它确实是真实发生的事情。

任何时候开始努力都不晚

蔡康永有一段话：15岁觉得游泳难，放弃游泳，到18岁遇到一个你喜欢的人约你去游泳，你只好说"我不会"；18岁觉得英文难，放弃英文，28岁出现一个很棒但要会英文的工作，你只好说"我不会"。人生前期越嫌麻烦，越懒得学，后面就越可能错过让你动心的人和事，错过新风景。

不要将精力耗费在无法改变的事物上，学会专注于当下

如果一个人在处理事情时，总是无法专注于当下，注意力永远在未来的得失上：这件事会不会成功？会给我带来什么收益？别人的收益是不是比我多？我会不会吃亏？……那么你当下的行为就会变质。

当你专注于当下，专注于眼前具体的问题时，未来的事情反而会水到渠成，自然而然地发生。未来的矛盾也会随之迎刃而解。

那些聪明的人，他们的关注点永远在当下。他工作的时候不会想到其他，他做事的时候也不会心思散乱。

我不愿意看见你碌碌无为

在2015年的春节马上就要到来时，我写了一封信给我快要毕业的学生们。信的标题是：我不愿意看到你碌碌无为。

这封信我手写出来，然后复印了很多份，每个即将毕业的学生都收到了这封信。

现在，我很愿意把它放在这里：

三个月前，我迎来了你们中的大多数人。其实每一年，我都要送走很

多学生。在每拨学生踏上新的征途的时候，我都想对你们说两个字，那就是"牵挂"。

你们是否找到了适合的工作？我们牵挂着……

你们中的一部分人，即将踏上工作岗位，那可是不像在学校那么简单和单纯的，你既需要充分地展示自己，又不能过分地表现自己；你既需要尊重领导和前辈，又不必刻意去逢迎；你既需要有理想和目标，又不能刻意追求，过于功利；你既需要与同事竞争，又需要与他们合作……

亲爱的宝贝们，你们准备好了吗？我们牵挂着……

成功更容易光顾磨难和艰辛，正如只有经过泥泞的道路才会留下脚印，请记住，别有太多的抱怨，成功永远不属于整天抱怨的人，抱怨也无济于事；请记住，别沉迷于虚拟的世界，得回到现实的社会；请记住，"敢于竞争，善于转化，要做就做狼，不做羊！"

亲爱的同学们，如果问你最不喜欢的一个字的记忆，那一定是"被"。我知道你们不喜欢"被就业""被坚强"，那就挺直你们的脊梁，挺起你们的胸膛，自己找工作，自己去创业，坚强而勇敢地到社会中去闯荡。

2014年，这个在数年前看起来是"未来"的词语，从今天开始，过去了，翻篇了。时间就这样流逝，亲爱的同学们，你们是在期盼在新的一年里完成自己的计划、理想，还是在为碌碌无为的2014年感到后悔？

2015年，这个遥不可及的时间，就这么来到了。或许你展望2016年、2017年时会觉得这些时间看起来很遥远，还有很长的日子，但这些时间会和2015年一样，悄然来到，毫不拖延。有一句话，是我很欣赏的：

"每一个让你厌恶的现在，都有一个你碌碌无为的曾经。"

当你们抱怨现在的自己没有钱、没有一技之长、没有人脉、没有好的身材或者好的气质的时候，你们是否有想过当别人在努力奋进的时候，你们在无所事事？当别人咬牙逼自己做事的时候，你们认为自己好辛苦，需要多多放松、享受生活。

那些前怕狼后怕虎，做抉择的时候考虑得万分周到的人，你们的决定有多少付诸行动了？

你们担心的事情太多了，你们总想要做出一个完美的决定。但我遗憾地告诉你们，这个世界上没有完美的决定。人的精力是有限的，时间是有限的，机遇、时间也是有限的，当你们还在苦苦等待上天给你铺好康庄大道的时候，别人已经在抉择的道路上前行了。当别人跌倒的时候，你们会庆幸自己的选择，"这事哪有那么好做，这是要凭实力的，就凭他还想成功？"当别人成功的时候，你们却只有暗暗后悔，或者认为自己没有那个实力，不是那块料。

任何追求都是有风险的，而正是这种风险，让我们的追求成为一种光荣。在追求道路上的阻碍，将成为我们成长的奠基石。倘若任何追求都没有风险，那天下岂非人人都是巴菲特、比尔·盖茨了？

"风险"二字令弱者厌恶，在成功的道路上，把弱者统统挡在了门外；"风险"二字，令强者狂热，因为强者知道，风险，意味着人生的磨砺和丰厚的回报。我承认有很多人为了追求，付出了沉重的代价。但我确确实实也看到，很多人没有任何追求，随遇而安，也并没有过得更安逸舒适。原因很简单：倘若去追求，虽有失败的可能，但也不乏成功的可能，但不去追求，则永远只会失败。还有未做的事情，还有后悔的事情，请你千万要抓紧，时光匆匆、人生匆匆，来到这个世界上，不是为了与周遭亲戚比那点收入，不是为了与几个朋友攀谈下小资生活，更不是以认识某个开着宝马车的人为荣。人与人从生理上来说，都是一样的。但为何在社会这个环境中，人与人的差别那么大？这种差别，就差在学识、资质、智力、机遇、决心，这些都是你们自己可以掌控的。2015 年马上就要到来，看似陌生的一年，也会如"2014 年"这个词语一样，来也匆匆，去也匆匆。你们是要猝不及防地的等待着 2016 年、2017 年，还是从现在开始，把人生的目标一步步实现？

在这里，就不多祝你们新年快乐了，只愿能够让你们感受到时间的流逝。

来，认识一下贫穷面前的四座大山

贫穷并非是不能改变的，但是想要改变贫穷，需要付出巨大的努力。很多人终其一生，"贫穷"一词都如影随形。

贫穷使人们在社会竞争中处于劣势，我们要改变贫穷，首先要对贫穷带来的劣势有一个清楚的认识，要知道贫穷会给我们带来什么不良影响，然后再有针对性地改变劣势，否则贫穷的现状就很难改变。

直面贫穷，从承认和面对贫穷带来的劣势开始。

准备好了吗？

贫穷带来的，是横亘在我们面前的四座大山：心理劣势、思维局限、资源匮乏和养育劣势。

贫穷面前的大山 1：心理劣势

贫穷很容易让人产生心理上的劣势，主要包括以下几种：

①自卑，还有自卑引起的自大

贫穷常常会导致自卑，认为自己不如他人；同时又很容易因为自卑而产生一种盲目的自大心理，比如"他们就是出生环境比较好，如果让我成长在同样的环境下我比他们强多了"。

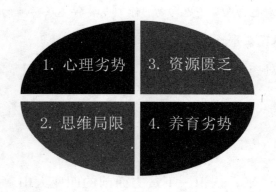

贫穷面前的四座大山

自卑通常还带来怯懦，使我们不敢尝试新鲜事物。一方面，青少年时期贫穷的家庭无法提供过多的新鲜事物让孩子去尝试，在孩子的请求屡遭拒绝之后，对新鲜事物漠不关心的思想就很容易产生；另一方面，因为很多新鲜事物都没有接触过，为了避免被周围人发现，所以对于新鲜事物不愿意尝试。

②过分守规则，不懂灵活变通

在大部分贫穷的家庭中，父母为了生活往往都非常忙，没有足够的时间跟孩子沟通，所以家庭教育的主题就是服从。贫穷家庭的孩子进入社会之后，便很容易服从各种规则，但对于规则本身并不会去思考，虽然大多数时候这并不是一件坏事，但这种本能有时也会阻碍日后的发展。

贫穷面前的大山2：思维局限

人的大脑所能考虑的东西是有限的，考虑的事情越多，平均到每件事情上投入的精力就越少。当一件事情占据主要地位时，那么这个人投入其他事情的精力就会大大减少。

贫穷家庭的孩子考虑最多的往往是金钱问题。金钱问题会一直困扰这些孩子，占据其大量的精力，使其工作和学习能力受到影响；并且金钱的缺少也会让他们对成本和损失更加重视，陷入思维陷阱。

　　美国有一个团队曾做过一项研究，他们的研究对象就是资源匮乏的人群，研究目的是了解这些人的思维方式。研究得出的结论是：贫穷的人的注意力往往被自己所缺少的资源所吸引，从而导致其对其他事物的认知和判断能力都有所下降。

　　穆来纳森是这项研究的主导者，他是美国哈佛大学的一位教授——29 岁时就获得过"麦克阿瑟天才奖"，普林斯顿大学的沙菲教授是穆来纳森的主要合作者。这项研究成果最早发表于美国的《科学》杂志上，发表之后立刻引起巨大反响，在还未成书出版的时候就被列在年度十本必读的商业书籍榜单内。

　　穆来纳森之所以对这项研究感兴趣是因为自己的拖延症。7 岁时他从印度来到美国，很快就适应了这里的生活，从哈佛毕业之后便来到麻省理工学院教授经济学，在获得"麦克阿瑟天才奖"之后又被哈佛聘为终身教授。此时他刚到而立之年，一般人看来此时他的人生应该非常圆满了，但是他自己却不这样认为，他总是觉得自己的时间非常少。穆来纳森的大脑里总是有很多项计划要完成，但因为时间原因，总是不能全部完成。

　　大部分人遇到这种问题时都会找自己在时间管理上存在的问题，但穆来纳森却将自己的问题同贫困研究联系了起来。研究之后他发现，自己的状况同穷人的焦虑情况非常像，区别就是一个缺少的是时间，一个缺少的是金钱。两者共同的地方在于即使你给了穷人一笔金钱，给了缺乏时间的人一些时间，他们也总是无法将这些资源很好地利用起来。

长期处于一种资源缺乏的情况下，让人们将自己的大部分注意力都放到了这种资源上，却忽略了更有价值的因素，从而产生心理上的焦虑，而且不能合理地管理利用资源。

也就是说，当你长期缺乏一种资源时，你的分析判断能力就会受其影响，导致你今后相关的行为都会失败。

研究得到了一个结论：一种资源的长期缺少会让大脑形成一种"头脑匮乏模式"，这种模式会让人失去正确分配资源的能力。一个贫穷的人，为了维持生活，对于金钱方面一直都精打细算，所以对于今后的投资和发展不会有所考虑；一个每天都非常忙碌的人，总是会被一些看上去非常紧迫的事情所拖累，对于今后的长远发展计划从来没有时间去考虑，因为他的时间都被眼前的紧迫事情所占据了。

即使他们有一天不再处于资源匮乏状态，这种"头脑匮乏模式"也会跟随他们很久。

贫穷面前的大山 3：资源匮乏

贫穷的人对于金钱自然非常缺乏，而人际关系、物质资源和社交网络同样也会受到金钱的影响。

首先，金钱的缺少必然导致物质方面存在劣势，而物质方面的匮乏会导致在人际交往中无法投入资源，造成人际关系的劣势。人际关系的劣势又导致了信息的劣势，因为人际关系是获取信息的一个很重要的途径，人际关系不足，获取信息的能力自然就会下降。信息的缺少又会让今后的发展方向很难把握。

贫穷面前的大山 4：养育劣势

贫穷带来的劣势之中，还有培育下一代的劣势。

之前说过，贫穷的家庭的父母为了维持生活，往往都十分忙碌，没有足够的时间用于教育自己的孩子，从而导致孩子形成服从性格，限制了孩子的发展。孩子在学校中受到的教育也会因此产生劣势，这些劣势很容易让贫穷遗传到下一代。

克服劣势：你比自己想象的更强大

那么，如何克服贫穷带来的这些劣势呢？

在贫穷面前，其实我们都比想象的要更强大。

第一点非常重要，就是你对自己的贫穷状态如何定义。

想要将这些问题解决，首先要正视它们的存在，用一个良好的心态去接受这些问题。

我们经常会从新闻上听到这样的事情：

甲家庭贫困，当父母穿着破烂的衣服来学校看甲时，甲却不愿意和他们见面，并且不愿意向周围人承认这是自己的父母。

乙家庭贫困，却在物质方面拼命和周围富裕家庭的孩子攀比，为此甚至不惜走上犯罪道路。

丙家庭贫困，因为金钱和物质的缺乏，他感觉自己和周围人差距很大，逐渐产生了自卑心理，不愿意同周围的人接触，最终走向边缘化。

"我是谁？"这个问题大多数人都没有仔细考虑过，也没有在意过。虽然如此，但是这个问题无时无刻不在影响着我们。

我们想要通过某些东西将自己同其他人区别开来，这样就需要一个有关自我的定义。

"你是谁？"这个问题的答案不是固定的，在外国你可以回答你是中国人，在国内其他省份你可以回答自己是北京人、甘肃人、安徽人，在自己的省份，你可以说自己是 XX 市的人。

在一群比你更穷的人群当中你是富人，在一群比你富的人群当中你是穷人。

一个人总是用自己和其他人的不同来定义自己。但是这些定义有好的也有坏的，不是每个定义都能让人开心。人们有时会想方设法得到一种定义，但有时又会尽量避免一种定义。

如果你在 21 岁第一次受别人邀请去西餐厅吃饭，进入餐厅之后面对桌子上放的餐具不知道如何下手，这时周围的人问你："你没有吃过西餐吗？"时，你会如何应答？

选项 A：悄悄地观察周围的人是怎么使用餐具的，然后模仿他们。

选项 B：回忆自己看过的外国电影，模仿电影中人物的做法。

以上两个选择很明显都是错误的，最好的选择是很坦然地告诉你的朋友："我之前确实没有吃过西餐，需要请教你应该怎么用餐具。"

想要掩饰自己没有吃过西餐这件事，无非是不想让别人将自己定义为"没有吃过西餐的家伙"。如果你对自己有一个完整的定义，那么对你来说"吃没吃过西餐"这个定义就是无所谓的。这种事情没有人会真正在乎。

很多时候只有自己才会对这种事情非常在意，而造成这种情况的原因，就是你对自己没有明确的定义。

你对自己的定义可能是"没有钱的穷家伙""没钱穿名牌的土包子""从

来没有出去旅游过的穷鬼"，但是如果你对自己有一个新的定义，那么以上这些就没有什么意义了。比如：

"才华横溢的作家"；

"体能过人的运动员"；

"可以将马拉松全程跑完的厉害角色"；

……

对自己缺乏定义的人，喜欢通过奢饰品、特殊的衣服、奇怪的发型等来定义自己，非常在乎自己在一件事情上是否能够和周围的人保持同样的水平，至于这件事情本身是否重要他们并不在乎。

贫穷并不是你的定义

如果你是一个贫穷的人，那么你需要记住一点，贫穷并不是你的定义。你因为贫穷而感到抬不起头只能说明你对自己还没有正确的定义，你还没有做出成绩，没有找到一个能够正面超越他人、显著定义自己的技能。

很多技能并不需要金钱的支持，只要你愿意为此花费时间和精力，你就一定找到一个可以定义你自己的技能，而之前的定义就毫无意义了。

贫穷很容易带来自卑，为自己寻找一个积极正面的定义，就能够将自卑心理压制住。

能够专注做事是你最大的优势

专注是穷人具有的一大优势。因为在长期的贫困生活中，很多穷人被动地抵制住了多种外界诱惑，练就了强大的自控能力。所以很多出身贫穷的人，往往能够非常专注地去做一件事情，付出全部努力。

很多想要改变困境的穷人有一种错误的思维模式，就是"只要付出足够的努力，就能够获得成功"。虽然想要获得成功必须努力，但是并不是只要努力就能获得成功，努力只是成功的一个条件。

想要成功首先要做的就是找对方向。贫穷的人手中拥有的资源有限，允许自己犯错的余地较小，所以选择自己的努力方向非常重要，在选择时要仔细考虑，多方获取相关信息，判断自己选择的方向是否真正适合自己。

知识的四个象限

世界上的知识可以分为四种：我知道我知道的知识，我知道我不知道的知识，我不知道我知道的知识，我不知道我不知道的知识。

我知道我知道的知识，是我已经了解掌握的。

我知道我不知道的知识，是我知道这种知识的存在，但是自己却还没有掌握。

我不知道我知道的知识，是我已经掌握了一种知识，但一直没有碰到能够运用这种知识的情况，所以并不知道自己能够运用这种知识。

我不知道我不知道的知识，是一些我都不知道它们存在的知识，更谈不上掌握了。

对于最后这种都没有听说过的知识，我们可以将它称为"隐藏的知识"。前三种知识都不会成为阻碍我们成长的绊脚石，我知道我没有掌握的知识，当需要运用到这种知识时我可以马上进行学习。但对于第四种我都不知道它存在的知识，当我遇到困难时，我都不知道应该使用什么知识才能解决，自然无法主动学习。所以第四种知识是对一个人发展的最大制约。

很多人是通过家庭教育了解这种隐藏的知识的，但是在贫穷家庭中受到的教育有限，所以很多隐藏的知识贫穷的人并没有学习到。

比如，贫穷家庭的父母没有乘坐过私家车，所以就不知道关于乘车方面的礼仪。很多人在别人开车来接时，直接打开后门就坐到后排右边的座位上去了，他们不知道乘车座位还有相关的礼仪。

当然，这些问题不是什么太大的问题。

但是有的时候，这样的小问题导致的结果是非常严重的。比如在上大学选择专业时，自己本来有机会选择一个非常有前景的专业，却因为不了解，不知道该专业对自己以后的发展有什么样的影响，错过了选专业的机会，这将会对一个人的人生产生巨大的影响。

多看书，多和不同领域的人交流，不要不懂装懂，这样就能够将自己的视野变宽广，获取更多的隐藏知识。在风险和代价较小的情况下多去尝试新鲜的事物吧。

合理地表现自己，将使你更快地脱颖而出

贫穷的人因为条件限制，在步入社会初期通常是给别人工作。在给别人工作的时候不能盼望有贵人主动来发掘你，而要学会主动地去表现自己。伯乐在当今社会还是有的，但是非常少，你自己有能力但不主动表现出来，那么你的老板不一定知道。出了错误你不出来解释，老板就容易将责任归咎到你身上。

自己为工作额外付出了，要让老板知道；工作上做出了重大成绩，要学会用合理的方法在老板面前展示出来。

曾经有人问过我："在工作中出了错误，但责任并不全是自己的，这时应该推卸责任还是应该将责任主动承担下来呢？"

我们可以从公司管理者的角度来看待这个问题，管理者希望的是什么？是你主动承认错误还是将责任推卸到他人身上？都不是，管理者希望的是不要出现错误。

但是现在错误已经出现了，那么管理者希望什么？

在错误已经出现的情况下，管理者关心的是如向纠正这个错误或者做出补救，将损失降到最低。

"这次的问题是因为供应商那边出了错"——"如果供应商每次都很顺利简单地将我们需要的东西给我们，我们为什么还需要专门的人负责采购呢？"

"这次错误都是我的疏忽导致的。"——"那你可能不适应这项工作，需要重新考虑自己的职业规划了。"

当我们在实际工作中遇到这种问题时，我给的建议是告诉你的领导："我这边出了一个错误，因为供货商犯了 1、2、3 这些错误，我也出现了问题，错误在于 4、5、6。根据目前的情况，针对错误采取的补救措施是 7、8、9，为了防止今后出现类似的错误，我想到的方案是 10、11、12。详细内容我发到您的邮箱里了，您可以看一下。"

计划的重要性：愚公是如何移山的

关于目标和计划，有两条定律：

定律 1：计划比目标更重要。

定律 2：计划不完善，等同于目标失败。

业务经理询问自己的下属："你这个季度的业务目标是多少？"

下属说："70 万！"

业务经理又问："那么你一个季度大概工作几天？"

下属说："一个月差不多 24 天，一个季度就是 72 天。"

业务经理说："所以说，要达到你的业务目标，你平均每天要做出 10000 的业绩。那么过去几个季度，平均每个客户给你带来多少业绩呢？"

下属说："平均每个客户是 5000，所以我得每天找到两个客户，然后一个季度找到 144 个客户！"

业务经理说："那么你做好如何在一个季度内找到 144 个客户的计划了吗？是否有 144 个客户在你的日程安排里了呢？"

下属摇摇头："我还没开始做计划……"

业务经理说："你的目标可以抹掉了。它不会实现了。"

计划就是如此重要。愚公移山听起来荒诞，如果真的能够按照他的计划做，子子孙孙无穷匮，那么移山还真不是个问题。

关键是要重视计划的重要性

我有个学生，我非常看重，这个孩子很聪明很努力，也很有悟性，她从学校毕业后我一直关注她。过教师节时，这个孩子给我打电话，说由于地域和工作的关系，无法回到妮薇雅给我送上祝福，只能通过电话祝福我。

通话 20 分钟，几乎有 18 分钟是在谈她的工作和未来的方向。

她说："最让我感叹的还是，这教师节一年一年地过，但我觉得我至今还没有真正毕业，要学习的东西太多了。"

于是我话锋一转，问她："你现在一个月挣多少钱？做到哪个位置了？"她挺有信心的："我去年拿了 9 万，平均下来，一个月能拿 8000 吧，现在是店里的主要发型师。"

显然她觉得自己还不错啊，和同龄人比起来，她的收入比他们高出一大截。但是，这些在我看来是远远不够的。

我再问："你这已经工作差不多两年了，建立了多少客户关系？"

显然她有点蒙了："我主要是专心上班，做职责内的事情，客户那些还没多想。"

我语重心长地说："你在店里做发型师，要利用好现在的机会，建立客户关系，以后你创业的时候，这些客户基础能让你少奋斗一年。或者你哪天升职了，自己要负责一个分店的运营，你学会建立客户关系，对你以后当经理、部长而言，是很大的财富，更是你一辈子要学的东西。我希望下次再和你通话的时候，你能和 50 个以上的客户保持好关系，成为友好的朋友……"

她听得很认真，同时又有点沮丧："唉，每次跟您沟通，我都会觉得我要学习的东西太多了，您似乎从来没有对我满意过。记得以前在学校的时候，明明我是班上最优秀的，您总要给我挑毛病。说我这也做得不到位，那也没有达标。我好像从来没有得到过您的夸奖。包括现在，我觉得我已经做得很好了，可您总认为我做得不够。每次我达成了一个目标。您马上又会抛出另一个目标，像给我塑造了一个不断上升的梯子。我只能看到眼前的台阶，不会去想更高的台阶。每当我踏上一级台阶，您就会给我指明下一级台阶。我虽然非常感激您，但还是会有点郁闷。"

她还年轻，不知道计划和目标的重要性。

说回正题，虽然资源匮乏，但是依靠合理的计划和资源配置，在自己的有生之年实现阶层的小幅度的跨越并不是难事。

金钱和时间对穷人来说通常非常缺乏。资源的缺乏导致如何分配这些资源的问题占据了一个人的大量精力，从而处理其他事情的能力就会下降。

想要解决这些问题就需要多做计划，针对自己缺少的金钱和时间做一个计划出来。同时就如前面说过的，做的计划也要根据情况不同及时做出调整，不断进行优化。

一个合理的计划能够让自己的做事效率大大提升。

我们再去看之前提到的吃西餐案例。当时我们所能做的最好的解决方法就是直接承认自己没有吃过西餐，询问别人是使用餐具的。但是从另一种角度来考虑这个问题，如果你已经提前知道了朋友会邀请自己吃西餐，那么为什么不事先上网了解清楚相关的事情，或者自己提前去西餐厅体验一次呢？做任何事情之前提前计划，然后做好准备工作都是非常必要的，特别是在你资源匮乏的情况下。

金钱和时间的机会成本：学会纵观全局

穷人很容易过分地重视沉没成本，而忽视了机会成本。

沉没成本：我们决策时不应该受到沉没成本的影响

沉没成本指的是自己已经付出的时间和金钱。经济学上认为你的决策不应该受到沉没成本的影响。

我们可以通过简单的例子来了解沉没成本。

一个人想要学习拳击，所以在健身房购买了拳击课程。结果刚上了两节课就受了伤，一运动胳膊就疼。但是这个人心里想，我已经支付了拳击课的费用，如果不去那钱就浪费了，所以他坚持去练习。最终因为受伤加重而不得不住院治疗。

我曾经听过这样一件事情，一位老太太发现自己之前存放的食品已经超过了保质期，但是因为心疼钱，不舍得扔掉，就全部吃了，最后导致要去医院洗胃，花的钱远多于购买食品的钱。

不要因为自己之前付出了时间或者精力就对一件事情执著。考虑是否放弃一件事情应该是基于未来的发展情况，而不是过去的付出，如果这件事情注定在未来也不会有好的前景，那么就应该立刻放弃。

机会成本：学会纵观全局的重要性

机会成本指的是在你面前有几个选项，当你从中选择了一项时，其他被你放弃的选项当中收益最高的一项就是你付出的机会成本。

比如，选择 A 方法赚 100 元，选择 B 方法赚 1000 元，选择 C 方法赚 500 元。你选择了 C，那么你的机会成本就是 1000 元。

机会成本告诉我们要学会纵观全局，将自己可以选择的选项全部看一遍，明白自己在选择一项的同时放弃了什么。

很多人在上学期间就想赚钱，大部分时间和精力都放在去街头做发单员之类的劳动上，没有多余的时间用来学习或者锻炼自己的技能。从机会成本上来说，发传单等类似的工作的收益实际是负的。

还有一些必要的花费也不能省。一对中国夫妇去美国旅游，在途中出了交通事故，因为他们没有购买几百块钱的旅游保险，所以巨额的医疗费用要他们自己支付。

在旅游出发前他们没有选择花费几百块钱购买保险，看上去是省了钱，但是在旅游途中出了事故，他们所花费的则是上百万元，这就是他们付出的机会成本。

节俭是一种美德，但是要学会做好财务规划，并不是每一笔钱都可以节俭，当你省下了一些不应该省的钱，那么你就有可能会为此付出高昂的机会成本。

对于重大问题的选择要谨慎，因为这些问题带来的机会成本可能会非常高，所以不允许你做出错误的选择。这时你应该宁可多花金钱，多花费时间，也要收集足够多的信息，尽一切可能避免付出机会成本。实际上经常有人在一些小事上斤斤计较，而面对重要事情却草草决定，这是非常不明智的行为。

另一方面，人在事业的道路上总会遇到很多发展方向，让人不知如何选择，每一种都想尝试，导致精力被极大地分散，最终没有一件事情能做好。这就需要从全局来考虑机会成本，科学地进行分析，然后将自己的精力放在从长远来看收益最高的事情上。

一个底层家庭出身的人想要上升到上流社会，可能需要几代人的努力。

从一个贫穷的农村家庭出来的人，直接跃居为城市当中的高收入人群，这种情况虽然有，但相比之下并不多见。更多见的是第一代人从农村进入城市，第二代人在城市中成为中产阶级，第三代人则步入高收入阶层。

所以在自己奋斗的同时，对孩子的关心和教育也是非常重要的，并且要使用合适的方法。

从现在开始，成为你想成为的人

这个世界上，最令人着迷的故事就是关于王者归来的故事，类似于指环王，也类似于孙悟空在炼丹炉里烧了 49 天，出来以后练就了金刚不坏之身和火眼金睛，从此披荆斩棘、所向披靡。

这些美好的故事给了平凡的人们奋发向上的动力和美好的期望。

每个人都向往成为英雄，但是，如果有机会，我却不愿意踏进那个三昧真火燃烧的炼丹炉。

我清楚地知道，进入里面意味着日复一日地煎熬、疼痛和绝望。在里面的每一刻都会很痛苦，而且我也没有未卜先知的技能，我不能预知这折磨将什么时候结束。

不知道折磨什么时候结束，才是最可怕的。正如我们的人生，你不知道什么时候才能脱离困境，也不知道什么时候自己的努力可以带来成功。

可能是明天，可能是明年，也可能是永远。

但是，如果你不尝试，不付出，它就一定不会来。

少有人走的路才是真正的捷径

在这个世界上，大多数人想走捷径，想要一步登天、改头换面、衣锦还乡！

但是，那并不是捷径，那只是幻想和陷阱。

少有人走的路，才是真正的捷径。

你想要成功，只能付出汗水和泪水；你想要成为学霸，只能在一个个日夜低头苦读；你想要升职加薪，只能在无礼的客户面前打哈哈，然后在一个又一个夕阳沉下去的傍晚留在公司里加班。

每个平民的成功背后，都是他的汗水和泪水、愤怒和失望、伤心和懊悔，都是无数个不眠之夜，无数次万箭穿心。

成功还意味着失去和放弃：你要放弃的东西很多很多。

你可能得放弃很多东西，包括睡觉的权利、和别人建立发展友谊的机会、和恋人看电影的机会等等。

最重要的是：你可能要放弃自己的安全感，然后寻求突破和发展。

每个人都有停留在自己安全地带的本能，所以放弃安全感往往是最让你感到痛苦的。因为人类的太多正面感受，比如说快乐、爱、享受、舒适，都建立在拥有安全感的基础上。

但是寻求发展，永远是先苦后甜的事情。做好充足的心理准备，然后去做，这才是唯一的捷径。

想要赢？就拿血和泪来换。

想要通过英语的各种考试？从背 3000 个单词开始。

想要强身健体？每天跑 4000 米，今天就开始。

想要找个美丽可爱的女朋友？现在就提升自己，以配得上她们。

不要等待"以后"，等待"毕业"，等待"这个工作做完"。

现在的时机就是最好的时机，错过将永不再来。

说起来可能会让你感到残酷，不过人生的奥秘正是藏在这些残酷的现实中，只有穿越很多很多的黑暗，才能看到真正的光明。

在走的路上，不要执迷于选择，不要害怕自己选择错误。因为没有一条路是绝对正确的，每条路都有利有弊。

你现在看不到光明，只是你走得还不够远。

现在就行动起来！

理想的人生是使命必达：所有的行动都能按照计划完成。

你确实做不到这样，其实也是人生当中的一个障碍。我们对于自己今天想要完成的事情总是过高估计，而对我们一年内能做完的事情总是低估。所以无论你想要做什么，请立刻用笔写下来。

将自己想做的事情写下来只用花费你五分钟时间，你可以假设写字的笔是有魔力的，你写下来的事情都会实现，然后将你一个月的目标、一年的目标、三年的目标、一生的目标写下来。

花费五分钟写下目标，再用一分钟将四个目标当中共同包含的一个目标标记出来，这个目标将会让你的生活发生重大的变化。之后用五分钟时间将你要完成这个目标的计划写下来，将这些计划列入你日常需要做的事情当中。每天按照计划进行，先做能够让你距离目标更进一步的任务，立刻去做，这样你就可以一步步地完成自己的人生目标。

每天你需要做的第一件事就是完成能够帮助你实现人生目标的任务，当你明白了这一点，你就是在为自己的人生目标而奋斗了。人生目标并不是遥不可及，万丈高楼起于平地，立刻行动起来，不要拖到明天。

只有今天就开始行动，你才能完成自己的人生目标。若干年后，当你回首往事，你会发现自己的每一天都在朝着人生目标迈进，人生目标贯穿在你的整个生活当中。

也许你在想人生目标太过遥远，需要时间过长，没有必要急于一时。扔掉这种想法吧，立刻就开始执行自己的计划，不要再拖延。拖延的后果是若干年后你会发现自己还在原地踏步，如果自己从若干年前就开始向人生目标前进，可能现在已经实现目标了。

当你真正开始执行你的计划时，你不会再为出去逛街而产生负罪感，你可以心情愉快地同朋友一起出去聚会，因为你知道，聚会回来你会继续投入到自己的工作中；你也不会因为一时的懒散而产生负疚感，因为你知道自己只是短暂地休息，明天还会继续踏上征途。

最重要的是，你不用再担心明天会怎样，因为你已经在为明天做准备。但是这一切都建立在一个条件之上：立刻行动起来，去实现你的人生目标。

学会把握当下

不要更早，也不要更晚，只有当下最为重要。你也只有当下。

你的每个计划，你的每个想法，你的每个愿望，都要立刻去实施。

你不可能改变过去的事情，你也不可能现在就做未来的事情，你能够控制的只有今天，只有此时此刻，你能够利用的也只有今天。

不管你未来的人生蓝图是什么，都要马上开始做。无论是从做计划开始，还是从开始"做出合适计划"的计划开始。

现在、马上、立刻开始去做。

我们花了太多时间缅怀过去，大多数 20 多岁的年轻人，刚刚毕业就开始回忆大学时的青涩时光，感叹自己老了；到了 30 岁，又开始怀念 20 岁的青春；到了 40 岁，又开始怀念 30 岁的年轻活力……以此类推，他们从未觉得此刻的时光，就是最好的时光。

此刻的年龄，就是最好的年龄。

别再想过去，过去的就让它过去吧。回忆过去这件事，等你 80 岁再做也不迟。

看着脚下，继续前进，才是获得人生幸福的最终法则。